ISO 55001:2014

アセット
マネジメントシステム
要求事項の解説

ISO 55001 要求事項の解説編集委員会　編

編集委員長　河野　広隆

日本規格協会

編集・執筆者名簿

ISO 55001 要求事項の解説編集委員会（編集及び執筆）

委員長	河野　広隆	京都大学経営管理大学院　教授
委　員	小林　潔司	京都大学経営管理大学院　教授
	澤井　克紀	京都大学経営管理大学院　教授
	竹末　直樹	株式会社三菱総合研究所
	田村　敬一	京都大学経営管理大学院　特定教授
	藤木　修	日本水工設計株式会社／京都大学経営管理大学院　特命教授

（執　筆）	榎本　吉秀	アビームコンサルティング株式会社
	七五三野 茂	株式会社高速道路総合技術研究所
	水谷　哲也	仙台市建設局
	山本　富夫	株式会社日本環境認証機構

(50 音順，敬称略，所属は発刊時)

著作権について

本書は，ISO 中央事務局と当会との翻訳出版契約に基づいて発行したものです．本書の一部又は全部について，当会の許可なく引用・転載・複製等をすることを禁じます．本書の著作権に関するお問い合わせは，当会営業サービスチーム（Tel：03-4231-8550）にて承ります．

ご利用上のお願い

本書に掲載する ISO 55000:2014 及び ISO 55001:2014 の日本語訳は，ISO との翻訳協定に従って，当会が発行するものです．ただし，日本語訳に疑義があるときは，同規格の原文に準拠してください．日本語訳のみを使用して生じた不都合な事態に関しては，当会は一切責任を負うものではありません．原文のみが有効です．

は じ め に

2014年1月10日に"アセットマネジメントシステム"のための国際規格である ISO 55000 シリーズが発行された．このシリーズは ISO 55000 "アセットマネジメント―概要，原則及び用語"，ISO 55001 "アセットマネジメント―マネジメントシステム―要求事項"，ISO 55002 "アセットマネジメント―マネジメントシステム―ISO 55001 の適用のためのガイドライン"の3規格で構成される．すでに日本でもなじみの深い ISO 9000 シリーズや ISO 14000 シリーズと同様の，いわゆるマネジメントシステム規格である．すなわち，規格の要求事項に基づいて組織の認証（適合審査・登録）が行われるものである．

日本ではここ数年，インフラストラクチャー（以下，インフラ）の事故などが続き，2013年には"メンテナンス政策元年"が宣言されたことを考えると，ISO 55000 シリーズの発行は，非常に時宜を得たものだと思える．

本書は，シリーズの中心となる ISO 55001（要求事項）についてその箇条を解説し，この新しい国際規格の目的や内容，その影響や活用法などについての理解を深めていただくためのものである．さらに，国内外のアセットマネジメントの事例も紹介している．

詳細は本文に譲るが，この ISO 55000 シリーズが対象とする"アセット"は，形あるものから無形のものまでとても幅広いものであり，認証を受ける組織はあらゆる組織となり得る．しかし我が国では当面，この規格の活用が最も期待される分野はインフラ関連である．対象となるアセットもインフラを構成する目に見える"物的アセット"である．そこで，本書はインフラを主体とした物的アセットを念頭に置いて記述されていることをお断りしておきたい．

なお，従来から我が国では，例えば橋梁や道路舗装の維持管理の向上のための"橋梁マネジメントシステム"や"舗装マネジメントシステム"を"アセッ

トマネジメントシステム"とよんでいる技術者も多い．こうしたシステムは，いわば"アセットマネジメント運用支援システム"ともいうべきもので，それ自体はきわめて重要な技術体系ではあるが，ISO 55000 シリーズが対象としているものではない．

膨大なインフラを抱えた公的・公益的組織は，今後マネジメントをうまく動かしていかなければ，長期的には困難な状況に陥ることが懸念されていて，まさにアセットマネジメントシステムをきちんと導入してほしい組織といえる．また，そこにかかわる様々な企業も，戦略的にこの規格の認証を取得することが武器になっていく可能性もある．そうした組織の関係者を始めとして，多くの読者が ISO 55000 シリーズの目的や内容，その影響，活用法などを理解する上で，本書が役立つことを願う次第である．

2015 年 3 月

ISO 55001 要求事項の解説編集委員会

委員長　河野　広隆

目　　次

は じ め に　3

第1章　アセットマネジメントシステムの概要 ……………………… 9

1.1　アセットマネジメント ………………………………………… (小林) 9
　　1.1.1　アセットマネジメント導入の背景 ………………………… 9
　　1.1.2　アセットマネジメントの必要性 …………………………… 11
　　1.1.3　これまでのアセットマネジメントシステムの考え方 ……… 14
　　1.1.4　ISO 規格によりアセットマネジメント,
　　　　　アセットマネジメントシステムはどのように変わるか? ……… 19
　　1.1.5　ISO 導入の意義 …………………………………………… 24
1.2　規格策定の経緯 ………………………………………………… (澤井) 25
　　1.2.1　規格提案と作成の基本方針 ………………………………… 25
　　1.2.2　WG 会合開催の状況 ……………………………………… 27
　　1.2.3　国内審議委員会の開催状況 ………………………………… 30
　　1.2.4　ISO 55000 シリーズ発行後の動き ……………………… 34
1.3　ISO 55000 によるアセットマネジメントの概要と原則 ……… (澤井) 35
　　1.3.1　アセットマネジメントの国際規格 ………………………… 35
　　1.3.2　重要な要素間の関係 ………………………………………… 37
　　1.3.3　アセットマネジメントの基本 ……………………………… 39
　　1.3.4　アセットマネジメントシステム …………………………… 41
　　1.3.5　統合マネジメントシステムのアプローチ ………………… 43
　　1.3.6　ま　と　め ………………………………………………… 44

第2章　ISO 55001 の逐条解説 …………………………………… 45

ISO 55001：2014

1　適用範囲 ……………………………………………………… (澤井) 45
2　引用規格　(省略)

3 用語及び定義 ·· (河野) 48
4 組織の状況 ·· (河野) 56
　4.1 組織及びその状況の理解 ·· 57
　4.2 ステークホルダーのニーズ及び期待の理解 ···················· 59
　4.3 アセットマネジメントシステムの適用範囲の決定 ············· 62
　4.4 アセットマネジメントシステム ···································· 64
5 リーダーシップ ·· (山本) 65
　5.1 リーダーシップ及びコミットメント ······························ 66
　5.2 方　　　針 ·· 70
　5.3 組織の役割，責任，及び権限 ······································ 73
6 計　　　　画 ··· (田村) 76
　6.1 アセットマネジメントシステムのためにリスク及び機会に
　　　取り組む行動 ·· 76
　6.2 アセットマネジメントの目標及びそれを達成するための
　　　計画策定 ·· 81
7 支　　　　援 ··· (田村) 85
　7.1 資　　　源 ·· 86
　7.2 力　　　量 ·· 87
　7.3 認　　　識 ·· 89
　7.4 コミュニケーション ·· 90
　7.5 情報に関する要求事項 ··· 91
　7.6 文書化した情報 ·· 94
8 運　　　　用 ··· (藤木) 97
　8.1 運用の計画策定及び管理 ·· 97
　8.2 変更のマネジメント ·· 104
　8.3 アウトソーシング ··· 105
9 パフォーマンス評価 ··· (小林) 110
　9.1 モニタリング，測定，分析及び評価 ······························ 110
　9.2 内　部　監　査 ·· 115
　9.3 マネジメントレビュー ··· 118
10 改　　　　善 ··· (小林) 120
　10.1 不適合及び是正処置 ·· 120
　10.2 予　防　処　置 ··· 123
　10.3 継続的改善 ·· 124

第3章　アセットマネジメントシステム　事例紹介 ················ 127

3.1　下水道分野の事例 ··· (水谷) 127
 3.1.1　は じ め に ··· 127
 3.1.2　仙台市におけるアセットマネジメントシステム導入の経緯 ············· 127
 3.1.3　ISO 55001 と下水道のアセットマネジメントシステム
    ――仙台市の認証審査を例として ···················· 129
 3.1.4　マネジメントシステムの統合 ································· 141
 3.1.5　お わ り に ··· 143
3.2　道路分野の事例 ·· (七五三野) 144
 3.2.1　は じ め に ··· 144
 3.2.2　組織の状況（ISO 55001 箇条 4）························· 144
 3.2.3　リーダーシップ（箇条 5）······························· 146
 3.2.4　計　　　画（箇条 6）··································· 146
 3.2.5　支　　　援（箇条 7）··································· 147
 3.2.6　運　　　用（箇条 8）··································· 149
 3.2.7　パフォーマンス評価（箇条 9）························· 151
 3.2.8　改　　　善（箇条 10）································· 153
 3.2.9　お わ り に ··· 155
3.3　プラント分野の事例 ·· (榎本) 155
 3.3.1　は じ め に ··· 155
 3.3.2　組織の状況（ISO 55001 箇条 4）························· 156
 3.3.3　リーダーシップ（箇条 5）······························· 158
 3.3.4　計　　　画（箇条 6）··································· 159
 3.3.5　支　　　援（箇条 7）··································· 160
 3.3.6　運　　　用（箇条 8）··································· 161
 3.3.7　パフォーマンス評価（箇条 9）························· 161
 3.3.8　改　　　善（箇条 10）································· 162
 3.3.9　お わ り に ··· 162
3.4　イギリス国内の事例（道路分野，鉄道分野）···················· (竹末) 163
 3.4.1　は じ め に ··· 163
 3.4.2　道路（英国道路庁：Highways Agency）··············· 163
 3.4.3　鉄道（ロンドン地下鉄：London Underground）········· 167
 3.4.4　お わ り に ··· 174

●コラム "ISO MSS におけるリスク及び機会（risk and opportunity）とは" ····· 79

引用・参考文献　　175
索　　引　　177

第1章

アセットマネジメントシステムの概要

1.1 アセットマネジメント

1.1.1 アセットマネジメント導入の背景

　行政や公営企業体，民間企業などの組織は，多くの"アセット"[*1]を保有している．とりわけ，"物的アセット"を多く保有している組織は，アセットの機能的陳腐化と物理的老朽化のリスクに直面している．陳腐化や老朽化のスピードは，アセットの種類によって多様に異なる．アセットはこれらの組織がそれぞれの目標を継続的に達成していくための手段であり，目標が異なれば，必要とされるアセットやその役割も異なる．組織の目標もそれぞれの時代の市場の要請や人々のニーズに応じて変化していく．

　ISO 55000においては，"アセットは，組織にとって潜在的又は実際に価値のあるもの（item, thing or entity）"と定義されており，"その価値は，異なる組織とそれらのステークホルダーとの間で異なり，有形・無形のもの，金銭的・非金銭的なものであり得る"とされている．このようにアセットには多様なものが含まれるが，本書では耐久性があり，しかも安価ではないような物的アセットを主として念頭に置き，それらを大量に保有しているような組織のアセットマネジメントに焦点を絞った解説を行うこととする．

　このような組織では，長期間にわたり，調達したアセットから最大限の効用を引き出すように努力することが必要となる．アセットを維持するためにも少なくない費用が発生する．災害等の発生により，アセットが損壊するリスクも

[*1] 物的アセットはもちろんのこと，ソフトウェア，特許，ブランド，情報，金融資産，人材などの有形・無形のもの，及び金銭的・非金銭的なものを含み，組織にとって価値を有する全ての資産．

存在する．このような状況の中で組織が持続的に活動を継続していくためには，常に自分が保有するアセットの性能や劣化状態を評価するとともに，リスクコストが最小となるようなリスク対応策を講じることが必要となる．それと同時に，組織活動のために必要となるアセットを組み替え（必要であれば新規に調達し），望ましい"アセットポートフォリオ（アセットマネジメントシステムの適用範囲にあるアセット）"を実現するようにマネジメントすることが求められている．言い換えれば，膨大なアセットを効率的に管理し，そのリニューアルを達成するための"アセットマネジメント（Asset Management）"とそれを運用するためのプロセスである"アセットマネジメントシステム（Asset Management System）"の確立が必要となる．

我が国は，アセットマネジメントの普及では世界的にみると完全に遅れをとっている．すでに1994年に，世界銀行が開発途上国におけるアセットの維持補修状態が深刻であることを訴える年次報告書を発表し，国際的金融機関や援助機関は開発途上国のアセット投資に対する融資に対してアセットマネジメントの実施を義務付けた．それと対応して，アセットマネジメントを支援するためのソフトウェアが開発され，まさにデファクト標準として国際市場を席巻していった．例えば，舗装マネジメントシステムであるHDM-4[*2]はすでに約150か国で利用されており，さらに多くの国で政令，省令により，その利用が定められている．我が国でアセットマネジメントの実務への導入に関する検討が開始された2002年頃には，すでに国際市場における勝敗は決着していた．

我が国では，2005年頃よりアセットマネジメントの普及が本格化した．近年におけるアセットの検査・モニタリング技術，データベース，劣化予測技術，ライフサイクルコスト[*3]の評価技術，維持補修技術の発展にはめざましいものがある．また，アセットマネジメントを支援するソフトウェアを導入した事例

[*2] Highway Development and Management Model の略であり，道路メンテナンス，改善と投資判断の評価のために用いられるソフトウェア・パッケージである．

[*3] ライフサイクルコスト（LCC：Life Cycle Cost）：ライフサイクル過程において必要な全ての費用（社会的費用を含む）．

1.1 アセットマネジメント　　　　11

も少なくない．これらのソフトウェアの普及により，アセットのサービスレベルを維持するために必要な予算額や，アセットの実態に関する情報を獲得できるようになってきた．しかし，現実に観測できるデータには，観測誤差や様々なノイズが含まれる．さらに，劣化予測には，多くの誤差が含まれ，確定的に予測することは難しい．特に，具体的な個々の損傷に関する劣化予測技術に関しては，依然として多くの課題が残されている．

　一方，劣化過程の統計的予測技術の発展により，ライフサイクルコスト評価のために必要となる劣化予測モデルに関しては，実用的には十分な水準にまで発展した．このようなアセットマネジメント技術の発展にかかわらず，その実践に関しては，十分に機能しているとは言い難い．もちろん，我が国におけるアセットマネジメントの発展のためには，アセットマネジメント技術の高度化を図ると同時に，財源制度，税制・会計制度等，アセットマネジメントを支える社会的仕組みを改変し，国民がアセットマネジメントの重要性を理解するための努力が必要であることは言うまでもない．しかし，現行のアセットマネジメント技術を用いて，もっと効果的なマネジメントを実現できることもまた事実である．

　ISO 55000 シリーズは，アセットマネジメントの国際規格である．組織が抱える膨大なアセットが直面するリスクポジションを評価し，組織の継続的発展のためにアセットポートフォリオを組み替えることにより，アセットのリニューアルを戦略的に実施するためのマネジメントプロセスの標準化モデルである．アセットマネジメントは組織の継続，発展のための中心的課題であり，単にアセットのメンテナンスだけを目的とするような矮小化されたアセットマネジメントの概念で理解してはならない．

1.1.2　アセットマネジメントの必要性

　アメリカでは，1980 年代にいわゆるインフラストラクチャー（以下，インフラ）とよばれる物的アセットの老朽化と荒廃が問題化した．連邦政府による調査の結果，緊急対応が必要とされる欠陥橋梁が 45％に及ぶことが判明した．

人々は，自分のアセットに対しては関心をもつが，公共的なアセットの老朽化に関しては，ほとんど興味を示さない．それまでにも，アセットの保全・管理担当者からは，維持補修の必要性が主張されていた．しかし，維持補修のための財源が確保されず，適切な維持補修が先送りされた．その結果，アメリカ全体にわたりアセットの老朽化が進行し，危機的状況をもたらしたのである．

橋梁に代表されるアセットは，損傷や劣化が軽微な段階で予防的な維持補修を行うことにより，アセットの長寿命化が可能となり，結果としてライフサイクルコストが節約される．逆に，維持補修を先送りすれば，維持費用が増加し，将来世代が膨大な維持補修費用を負担することになる．そこで，社会基盤施設を国民のアセットとして位置付け，アセットの維持補修を計画的に，かつ着実に実施するためにアセットマネジメントという考え方が生まれた．

我が国では，高度成長期に建設された膨大なインフラの老朽化が着実に進行しつつある．戦後から高度経済成長期にかけて一斉に整備されたアセットがその耐用年数を迎えようとしており，アセットの高齢化が加速度的に進展している．昨今では，維持補修の重要性への認識は高まってきたものの，適切な維持補修を行うための財源を確保することが困難な状況にある．さらに，少子高齢化社会の到来による税収減少や社会保障費用の増大により，今後，アセットマネジメントのための十分な財源基盤が確保できるか懸念されている．

このような問題意識のもとに，アセットを保有する組織において，アセットマネジメントに対する理解が深まり，すでにアセットマネジメントが導入された事例も豊富になってきた．インフラを始めとするアセットは，資産額が大きく，その機能が長期的・広域的に及ぶため，その特性に配慮したアセットマネジメントを実施することが必要である．アセットの機能を維持・向上させるために，新規のアセット整備のニーズに応えつつ，既存のアセットの維持・補修，更新をより効率的に実施していかなければならない．

一方で，アセットの長寿命化による更新需要の平準化，補修・更新の効率化によるライフサイクルコストの削減，補修・更新需要の把握と長期的マネジメント戦略の策定を目的とした実用的なアセットマネジメント手法が発展してお

り，これらの手法を活用して効率的なアセットマネジメントが可能になった．アセットを保有する組織は，アセットのサービスレベルを適切に確保し得る維持補修，更新が継続的に実施されているかを把握・評価し，さらには，機能維持に必要な財源を調達するためのアセットマネジメントシステムを構築していく必要がある．

　我が国において精力的に導入が進められてきたアセットマネジメントシステムは，ネットワークレベルのマネジメントシステムであり，ライフサイクルコストの低減を達成し得る望ましいアセットの維持補修計画や，アセットのサービスレベルを維持するために必要となる維持補修予算を求めることを目的としている．このようなアセットマネジメントシステムは，アセットの維持補修業務の持続的な実施体制を確立するために必要である．例えば，アセットのモニタリング[*4]により，早急な維持補修が必要であることが判明したとしても，すぐに大規模な維持補修工事を実施できるかどうかはわからない．大規模補修を実施するためには，"なぜ，いま補修しなければならないのか"という問いに答えなければならず，そのために必要となる担当者，担当部局の人的努力は相当なものである．

　ISO 55000 シリーズが導入され，トップマネジメントによるアセットマネジメントが実施されれば，担当者が直面する問題は，"なぜ，いま，このアセットの維持補修をしなければならないか"ということではなく，"今年はどのアセットの維持補修を実施すべきか"という問題に置き換わる．アセット管理者が直面する意思決定問題を，"維持補修の必要性"に関する議論から，"優先順位の決定"に関する問題に変容させる．これが，ISO 55000 シリーズを導入することの一つの効用である．

---

*4　日本の社会資本の維持管理の現場では，連続して観測を行うものを"モニタリング"と呼び，"点検"とは区分されている場合が多い．一方，国際的にみれば，"点検"は"モニタリング"の中に含まれる概念であり，ISO 55000 シリーズでも両者を区分していない（なお，規格の邦訳版では"モニタリング"と表記している）．本書では規格の解説にかかわる部分では主として"モニタリング"という表記を用いるが，それ以外の部分では，文脈によりどちらかの表記を選択していることに留意されたい．

1.1.3 これまでのアセットマネジメントシステムの考え方

これまでに，我が国で導入されてきたアセットマネジメントシステムは，アセットの健全度を点検・診断し，劣化したアセットの維持補修計画を策定し，それを実施するというメンテナンスサイクルを運用することに主眼が置かれてきた．このような既往のアセットマネジメントシステムは，ISO 55000 シリーズが想定するアセットマネジメントと基本的には整合しているが，我が国のようにマネジメントにおけるガバナンス概念が定着していない状況では，現場で施行されているマネジメントと ISO 55000 シリーズが想定するマネジメントとの間にかい（乖）離が存在する．とりわけ，多くの現場で，せっかく構築したアセットマネジメントシステムが機能していないという事例が見いだせる．ISO 55000 シリーズによるマネジメントの国際規格は，このようなアセットマネジメント，アセットマネジメントシステムを実際に機能させ，その内容を継続的に改善していくことを目的としている．

一般的に，組織におけるアセットマネジメントシステムは，図 1.1 に示すような多階層構造を有している．図中の小さい"PDCA（Plan-Do-Check-Act）

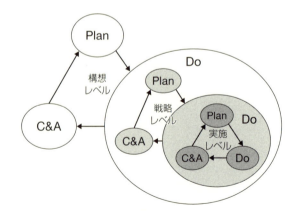

図 1.1 予算執行マネジメントサイクルの階層構造

1.1 アセットマネジメント   15

サイクル”ほど，短い期間で回転するサイクルに対応している．最も外側のサイクル（構想レベル）では，長期的な視点からアセット群の補修シナリオやそのための予算水準を決定することが課題となる．中位の補修サイクル（戦略レベル）では，新たに得られた点検結果等に基づいて，例えば将来5か年程度の中期的な予算計画や戦略的な補修計画を立案する．最も内側のサイクル（実施レベル）では，各年度の補修予算の下で，補修箇所に優先順位を付け，補修事業を実施する．

　“構想レベル”のマネジメントは，アセットのサービスレベルを設定し，維持補修の基本方針及び，長期的なアセットマネジメント計画を策定し，それを実施することを目的とする．マクロの視点から組織が管理するアセット全体に関して長期的な維持補修方針を策定するため，できるだけ簡略化された管理モデルを用いることが望ましい．そのためには，台帳やモニタリング履歴，補修履歴などの情報に基づいてアセットの現況を把握し，アセットの使用状況，周辺環境，及び損傷状態を整理する．その後，アセットの重要度などの観点からグループ分けを行い，グループごとの維持補修戦略を決定することが重要な課題となる．

　アセットの現状把握ができれば，整理したデータを基に劣化予測を行って，最適補修戦略と最適モニタリング戦略を策定する．構想レベルではアセット全体の長期的な投資計画を策定すること，そして長期にわたる劣化予測には多くの不確実性が存在することから，アセット全体の平均的な劣化予測を行うことが課題となる．

　アセットのグループごとに，望ましい補修戦略が策定される．その際，ライフサイクルコストを最小にするような維持補修戦略，もしくは期待純便益を最大にするようなアセット投資戦略が決定される．分類されたグループごとにアセットの投資・補修戦略が策定されれば，この結果に基づいて長期的なアセットマネジメント計画を策定する．アセットマネジメント計画の策定においてはグループ単位の集中投資など，様々なシナリオを想定して望ましい投資戦略を策定する．長期的なアセットマネジメント計画には，アセットのサービスレベ

ルとそれを実現するために必要な予算水準が記載される.

"戦略レベル"では，定期的な点検によるアセットの最新の損傷状態に関する情報に基づいて，中期的な予算計画の策定と具体的な投資，維持補修計画を策定する．点検データと，戦略レベルのアセット投資・補修戦略，長期アセットマネジメント計画において決定されたサービスレベルに関する情報を基に，中期的に補修が必要となるアセットを選定し，補修の優先順位をつけ，各年度における必要な予算額を算出する.

点検により，安全性が疑われるアセットが発見された場合には，詳細調査や追跡調査が実施され，安全性に対する照査が行われる．中期的なアセットマネジメント計画が，構想レベルで策定された長期アセットマネジメント計画と必ずしも一致する保証はない．戦略レベルにおいてもアセットの劣化予測を行う．構想レベルにおいては，組織全体のアセットマネジメント計画を策定することが目的であるため，劣化予測もアセット群全体を対象としたものであった．戦略レベルで実施する劣化予測は，補修の優先順位を選定するための基礎情報となる．したがって，個々のアセットごとに劣化要因を特定して劣化予測を行うため，劣化予測の信頼性評価が必要となる．劣化予測により将来時点で安全性に問題が発生することが予想されるアセットは，予防的に補修することが必要となる.

"実施レベル"は，実際の維持補修を行うマネジメントレベルを意味する．中期的なアセットマネジメント計画で選定されたアセットを対象として，当該年度におけるアセットマネジメント計画を策定する．その際，補修対象となるアセットの立地条件や補修規模に基づいて，実際の補修箇所を選択する．近接しているようなアセットが補修対象となっている場合には，同時施工に対する検討も行う．補修対象箇所を対象として補修設計の発注が行われ，補修数量と補修費用が把握される．ただし，予算に制約があるため，補修が先送りされるアセットの発生する可能性がある．最終的に補修の対象箇所となったアセットは実際に補修が実施される．補修の記録はデータベースに収録される．この結果は，構想レベルや戦略レベルにおける事後評価の基礎資料として用いられる.

1.1　アセットマネジメント　　17

　アセットは，そのライフサイクルにわたって社会的な便益をもたらす．一方，アセットは計画，設計，施工，運営，維持・管理，廃棄の各段階において費用を生じる．アセットマネジメントにおいては，アセットの耐用年数や劣化の過程，さらにはアセットが生み出す便益過程，ライフサイクルコストとその不確実性を考慮に入れながら，アセットからもたらされる純便益の割引現在価値を最大化するようなマネジメント戦略を立案することが課題となる．近年，財源が逼迫し，新規アセットの便益が小さくなっており，これまでの新規のアセット整備から既存のアセット有効活用へとマネジメントの重点がシフトしている．また，老朽化が進むアセットに要する補修・更新費用は今後大幅に増大することが予測される．こうした状況下で，既存のアセットに対する効率的な維持・管理，更新戦略を実施し，ライフサイクルコストを削減することが必要となる．

　アセットマネジメントは，組織のトップマネジメントの視点から実施されなければならない．アセットに関する情報を組織全体で共有するためには，アセットマネジメントにおけるパフォーマンス評価をアセットの劣化状態，健全度という技術的な情報だけでなく，財務会計，管理会計等を用いた財務的評価指標を用いて表現することが必要である．

　アセットマネジメントを行う上で重要な問題は，①（新規と既存の双方を含む）アセットの望ましいサービスレベル，②既存のアセットの除却（他の用途への転用）も含めて，アセットの望ましい量的・質的レベルを決定すること，である．アセットのサービスレベルは，それぞれの時代におけるアセットにかかわる技術水準，あるいは，それがもたらす社会・経済効果を総合的に考慮して決定されるものである．アセットマネジメントではアセットのサービスレベルを明確にした上で，アセットの量的レベル，質的レベルとその変化を記述する財務指標による評価が不可欠となる．

　組織がアセットマネジメントを実施する以上，アセットマネジメントのパフォーマンス評価において，財務指標が重要な役割を果たすことはいうまでもない．しかしながら，現行の財務会計制度の下では，財務指標だけを用いてアセットマネジメントを効果的に実施していくことは困難な状況にある．

18　　　第1章　アセットマネジメントシステムの概要

　我が国における公会計は，そもそもアセットの調達価額を個別アセットごとに記録する制度になっていない．このため，国・地方公共団体が管理するアセットに関して正確な資産評価がなされているとは言い難い．多くの地方公共団体のバランスシートを構成するアセットの評価額の信頼性には，多くの問題が山積している．一方，民間企業においては，企業が保有する資産は固定資産として認識されている．しかし，アセットの実質的な耐用年数はきわめて長期にわたる．民間企業の中には，法定耐用年数を大きく超えた固定資産を用いているところも多い．

　現行の企業会計では，固定資産は調達価額を用いて評価される．戦前に建設された橋梁では，例えば調達価額が数千円から数万円程度の場合もあり，橋梁更新のために減価償却費を計上していても，引当金としての役割を果たしていないのが実情である．また企業会計では，アセットの価値は金銭価額を用いて一元的に表現される．この方法では，アセットの劣化による資産価値の減少と，アセットの除却による資産価値の減少を区別できない．新規整備による資産価額の増加と補修更新による資産価額の増加も区別できない．多くのアセットは，資産が除却されない限り，適切な維持補修が行われれば，税法上の耐用年数を超えてサービスを提供することが可能である．耐震設計基準や設計仕様等に変更がない限り，維持補修費の継続的な支出によりアセットの経済価値は減少しない．

　本書の 1.2 で紹介するが，ISO 55000 シリーズの策定過程では，日本と欧米諸国との間でアセットにかかわる会計を要求事項に位置付けるかどうかに関する議論に多くの時間を費やした．我が国の立場からすれば，性急なアセット会計の導入は制度的に不可能であり，終始反対の立場を貫いた．しかし，このことはアセットマネジメントのパフォーマンス評価に財務指標が重要ではないことを意味しているのではない．ただちに制度的な対応が困難であっても，財務シミュレーションや管理会計シミュレーションを用いて，財務指標に基づいたパフォーマンス評価を試みることが必要である．アセットを管理する場合，アセットの量的ストックとサービスレベルを明示的に分離したパフォーマンス評

価が必要となる．そのためには，技術的指標を用いたアセットのパフォーマンス評価と財務シミュレーションや管理会計シミュレーションに基づく財務指標を導入したアセットマネジメントシステムを開発することが望ましい．

1.1.4 ISO規格によりアセットマネジメント，アセットマネジメントシステムはどのように変わるか？

　組織におけるアセットマネジメントは，予算執行マネジメントシステムを中心に機能する．図1.1に示したアセットマネジメントサイクルは，予算計画，執行，管理業務により構成されている．その基本は単年度予算の計画と，その執行過程にある．アセットの状態やその劣化過程や機能低下過程をマネジメントするためには，アセットの長期的なパフォーマンス評価が必要となる．さらに，将来時点におけるアセットに対するニーズや老朽化の過程に不確実性が介在することから，図1.1に示したような階層的なマネジメントサイクルが不可欠となる．

　しかし，ISO 55000シリーズによるアセットマネジメントシステムは，図1.1に示した予算執行管理をベースとするアセットマネジメントシステム自体を継続的に改善することを目指している．予算執行マネジメントシステムは，策定されたアセットマネジメント計画や日常的なマネジメントルーティンを規定している様々なルールや規則，マニュアルに従って運営されている．

　ISO規格が要求するアセットマネジメントシステムの継続的改善は，このようなルールや規則，マニュアルやアセットマネジメント計画自体を改善していくことを意味している．したがって，このようなアセットマネジメントシステムの改善を，予算執行管理システムの日常的な運営の中で達成することは困難であると言わざるを得ない．

　ISO 55001が規定するアセットマネジメントシステムは，図1.2に示すように，予算執行マネジメントシステムのパフォーマンスを評価し，予算執行マネジメントシステム自体を改善するようなマネジメントシステムを構築することを求めている．アセットマネジメントは，定型化された，あるいは定型化さ

第1章 アセットマネジメントシステムの概要

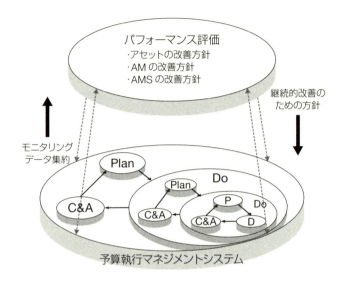

図1.2 ISO 規格に基づくアセットマネジメントシステム
（AM：アセットマネジメント，AMS：アセットマネジメントシステム）

れない数多くの意思決定過程やそれを支援するルールや規範，手引きやマニュアル，情報システム，利用可能な資源や人的リソース，維持補修技術，契約方法や契約管理システムで構成されている．これらのアセットマネジメントの実践を支援するシステムが，アセットマネジメントシステムである．アセットマネジメントにおける継続的改善を目指した PDCA サイクルは，マネジメント実践の中で課題や問題点を発見し，それを解決するためにアセットマネジメントシステムを改善し，必要であれば更新することを目的とする．

なお，ISO 55000 シリーズは，図1.1 に示すような予算執行マネジメントシステムの詳細を規定するものではない．多くの組織においてアセットマネジメントシステムを導入する努力が積み重ねられてきた．そこでは，図1.1 に示すような予算執行過程を基軸としたアセットマネジメントシステムの開発が試みられてきたと言ってもいい．このようなマネジメントシステムを構築すること自体が，大きな事業である．とりわけ，日本のように現場主義に基づく組織風

1.1 アセットマネジメント

土においては，緻密な技術的検討や，現場における経験や議論の積み重ねの結果として予算執行過程が形成されている場合が少なくない．ISO 55000 シリーズは，このような現場で動いているマネジメントシステムを最大限に尊重した上で，"どのようにすればマネジメントシステムのガバナンスを維持できるのか"，"どのようにすればマネジメントシステムの問題点を発見し，それを改善していけるのか"という視点からマネジメントシステム全体を再編成するためのマネジメントシステム規格である．

図 1.2 において，下段は現場における予算執行過程を表している．ISO 55000 シリーズが想定するアセットマネジメントシステムは，予算執行過程を包含しつつ，予算執行過程をマネジメントしているシステムを含めたマネジメントシステム全体を意味している．

我が国の組織マネジメントにおける PDCA サイクルが機能しないのは，マネジメントサイクルの評価者と，マネジメント技術の管理者・運用者がかい離しており，マネジメントにかかわるモニタリング情報や改善方針に関するコミュニケーションが機能しないことに原因がある場合が多い．マネジメント技術は，組織内の担当部局に独立した形で分散保有されている場合が少なくない．しかも，多くのマネジメント技術が非定型的な形で，担当者の経験や担当部局の慣習として温存されている．

したがって，マネジメントサイクルの評価者にとって，"何を改善すればいいのか"，"どの部局がマネジメント技術に責任をもっているのか"，"誰がコミュニケーションの窓口なのか"という"改善すべき対象"に関する情報を獲得するために多大なエネルギーが必要となる．すなわち，PDCA サイクルを運営するための組織内取引費用がきわめて大きいのである．PDCA サイクルを機能させるためには，組織内に分散化されたアセットマネジメント技術の集約化（あるいは，ディレクトリーの構築）を図ることが必要である．このような知識マネジメントの効果的ツールの一つとして，第 2 章の 8（運用）で紹介するようなロジックモデルがある．

我が国では，ISO 9000 シリーズ，ISO 14000 シリーズなどのマネジメント

システムの国際規格を導入している企業は少なくない．日本企業のISO導入の動機は多様であるが，公共調達の参加要件や企業の評判を確立することが動機である場合が多く，企業マネジメントのガバナンスを直接的な動機とする場合はきわめて少ない．むしろ，ISOの導入により，"文書作業の負担が多くなった"などの不満の声が多く聞かれる．アセットマネジメントシステムを導入したにもかかわらず，せっかくのシステムが機能していないという事例は枚挙にいとまがない．また，多くの組織体がマネジメントにおけるPDCAサイクルの重要性をうたっているにもかかわらず，PDCAサイクルが適切に動いている成功事例もまた少ない．多くの場合，"Plan-Do-Check"のプロセスは機能しているが，"Check-Act"のプロセスが機能していないようである．

　ISO 55000シリーズは，マネジメントシステムの継続的改善を達成するための国際規格である．言い換えれば，欧米各国でもマネジメントサイクルにおいて"Check-Act"のプロセスは，やはり自発的には機能しにくい部分なのである．そこで，ISO規格を導入することにより，半ば強制的に"Check-Act"のプロセスを機能させるのである．ISO 55001は，アセットマネジメントシステムに関するいくつかの基本的な質問に答えることにより，アセットマネジメントにおける基本的な"Check-Act"プロセスが機能するように設計されている．日本的組織風土でPDCAサイクルが機能しにくい原因を説明するのは難しいが，一つの理由として"Check"という行為を経て，仮に改善が必要だと判明したときに，直ちに改善を実施できるような"マネジメントの対象"が存在しているのかという問題をあげることができよう．ISOを導入するためには，現行のマネジメントシステムやビジネスモデルの再編が必要となることが少なくない．いわゆる，"ビジネス・リエンジニアリング"が必要である．併せて，マネジメントの継続的改善を実施するためにはアセットマネジメント，アセットマネジメントシステムを支援する情報システムが必要となる．しかし，日本的組織風土では，現場における作業・業務プロセスや情報フローの改変を経ることなく，ISOプロセス標準の形式的導入にとどまっている場合が少なくない．ISOによるパフォーマンス評価に基づいた内部監査において，評価

1.1 アセットマネジメント　　23

項目がチェックリストとして一応の役割を果たすものの，課題が発見されたとしても部分的修正にとどまり，アセットマネジメントシステムの継続的改善にはつながらないのである．

　それでは日本的組織風土でマネジメントシステムが存在していないのかというと，決してそうではない．むしろ，欧米組織と比較して，より緊密で細やかなマネジメントシステムが発達している場合が多い．しかし，マネジメントシステムのガバナンスが，ローカルな組織固有のルールや慣習，責任者によるその場の判断や指示に依存している．ガバナンスが人的資源に多くを依存している場合，人的資源の移動により，マネジメントの生産性やガバナンスが著しく低下するリスクにさらされている．これに対して ISO 規格は，マネジメントシステムを可能な限り人的資源の資質に依存しないように，単純なルールや記述可能な規範に還元するとともに，現場での実践を通じてマネジメントシステムを継続的に改善しようとするマネジメント理念が貫かれている．日本的組織風土において，PDCA サイクルが機能しないことや，多くのアセットマネジメントが心不全を起こしている状況をみるにつけ，マネジメントサイクルにおける "Check" という行為を経て，必要であれば改善を実施できるような "マネジメントの対象" を作りあげることが重要であると考える．

　日本型マネジメントには，大規模な予算を組み完全なシステムを一気に作りあげようとする性向がある．しかし，完全なマネジメントシステムをいきなり完成させることは不可能である．現場に対して能力を超える業務量を割り当てたり，従前より業務量が増加するようであれば，マネジメントシステムはすぐに機能不全に陥るだろう．ISO 規格は継続的改善のための文書化を要求する．このような文書化のための情報やデータが日常的な業務活動の一環として収集，蓄積されるように，マネジメントシステムの再編や ISO 導入を契機として，不必要な作業・業務を軽減・廃止する努力が必要である．

　ISO 55001 はアセットマネジメント，アセットマネジメントシステムの継続的改善を要求している．言い換えれば，理想的なアセットマネジメントシステムを一気に構築することが不可能であることを前提としており，組織全体と

して継続的に改善していけばよいという，実際的な考え方に立っていることを
理解してほしい．

1.1.5　ISO 導入の意義

　我が国は，少なくともアセットマネジメント技術に関しては，かつての後進
状態から，先進的フロンティアを形成するまでに進歩した．しかし，アセット
マネジメントの実践に関しては，いまだ発展途上にあると言わざるを得ない．
我が国の要素技術偏重は相変わらず温存されたままであり，いっこうに総合化，
システム化の機運が生まれてこない．総合化技術，システム化技術は，要素主
義的な個別技術，分析技術をリストアップし，それを積みあげるという方法論
だけでは開発できない．サプライサイド（供給する側の立場）で発想するので
はなく，市場のニーズや組織のニーズに関する情報とシステムのコアを形成す
る要素技術に関する情報に基づいて，俯瞰的な立場から，総合技術のありよう
やシステムの構造や機能を設計し，それに必要な要素技術の開発や既存の要素
技術とのインターフェースを設計していくというブレークダウン型思考，問題
解決型思考が求められる．

　ISO 55000 シリーズは，アセットマネジメントの責任者が組織のトップで
あると明確に位置付け，責任者によるイニシアティブでマネジメントシステム
の組織的，継続的改善を求めることを要求する．ISO 55000 シリーズはアセッ
トマネジメントシステムの国際規格であり，具体的なアセットマネジメント技
術を規定するものではない．しかし，実際に ISO 55000 シリーズに準拠して
アセットマネジメントを運用していくためには，実際に点検・評価，劣化予測，
ライフサイクル評価，設計，補修，事後評価等を実施するためのアセットマネ
ジメント技術が確立されていなければならない．

　これまでに我が国で発展したアセットマネジメントは，①現実のモニタリン
グデータに基づいた徹底した現場主義に基づくマネジメント，②知識マネジメ
ントによるアセットマネジメントの継続的改善，③ベンチマーキングを通じた
課題の発見と要素技術に基づいた問題解決，を特徴としている．財務評価を基

軸とするトップダウン型アセットマネジメントに対して，我が国では現場にお
ける問題解決に重点を置いたボトムアップ型アセットマネジメントが発展して
きた．当然のことながら，ISO 55000 シリーズ規格は，ボトムアップ型アセッ
トマネジメントに対しても整合的でなければならない．日本における ISO
55000 シリーズの普及が，トップマネジメントによる組織ガバナンスとボトム
アップ型マネジメントが協働するような日本型アセットマネジメント，アセッ
トマネジメントシステムの発展につながることを期待する次第である．

1.2 規格策定の経緯

1.2.1 規格提案と作成の基本方針

イギリスの英国規格協会（BSI：British Standards Institution）が国際標準
化機構（ISO：International Organization for Standardization）にアセット
マネジメントにかかわる新業務項目の提案を行ったのは 2009 年 8 月であった．

BSI の提案は，すでにイギリスほかで採用されている PAS 55（PAS：
Publicly Availabie Specification，公開仕様書）をベースとしている．PAS 55
は，BSI がイギリスのアセットマネジメント研究所（IAM：The Institute of
Asset Management）に委託して，2004 年に作成したのが最初であり，2008
年に改正版が発行されている．それは二部から構成されており，PAS 55-1 は
物的アセットの最適マネジメントのための規格，PAS 55-2 はそれを適用する
ガイドラインを提供している．電力，鉄道，上下水道，石油・化学プラントな
ど，様々な社会資本のアセットマネジメントの事例を調べあげて，共通のマネ
ジメントシステムの規格を示しているものである．PAS 55 は，マネジメント
システムの仕様書なので，アセットマネジメント関連の様々な技術手法，すな
わち，価値工学，ライフサイクルコスト，信頼性，リスクに基づく検査などが
内包されているものではあるが，そのような技術手法を利用するだけではア
セットマネジメントの成果をあげることはできないという立場に立っている．
つまり，それを組織として，マネジメントとして認識すべきということである．

26　　　第1章　アセットマネジメントシステムの概要

しかしながら，PAS 55 が物的アセットに特化していることや，ISO のマネ
ジメントシステム規格のための合同技術調整グループ（JTCG：Joint
Technical Coordinating Group）が提唱する模範文書との整合性，すなわち
"ISO/IEC 専門業務用指針　統合版 ISO 補足指針"の附属書 SL（規定）[*5] への
適合が求められていることに鑑み，BSI はこの規格を，国際規格 ISO として
衣替えしようと考えたのである．もちろん，国際規格とすることによって，
PAS55 で培われたアセットアネジメントのノウハウを活かし，国際ビジネス
への波及を意図したことも当然であろう．

この BSI による新業務項目の提案を受けて，2009 年 12 月に ISO 委員会で
了承され，2010 年 6 月にロンドンで準備会合が開催された．準備会合におい
ては，参加 13 か国の主要メンバーから各国のアセットマネジメントの取組み
の状況や，関連する ISO 規格（例えば，信頼性マネジメント又はファシリティ
マネジメント）の活動状況に関する報告の後，アセットマネジメントにかかわ
る ISO 規格の適用範囲についての議論等がなされ，ISO 規格に着手するに当
たっての大きな方向性について，次のような基本事項の確認がなされた．

- この規格を"アセットマネジメント―概要，原則，用語"，"アセットマ
  ネジメント―要求事項"，"アセットマネジメント―要求事項適用のため
  のガイドライン"という三部構成とすること．
- 認証対象の規格とすること．
- 全ての種類のアセットに適用できる規格にすること．
- 他の関連する専門委員会（TC：Technical Committee）等との調整を
  図ること．
- ISO 規格策定のために ISO プロジェクト委員会（ISO/PC251）を設置
  すること．

これを受けて，2011 年 2 月にオーストラリアのメルボルンで，ISO/PC251

[*5]　附属書 SL を含む"ISO/IEC 専門業務用指針　統合版 ISO 補足指針"は，2012 年 4
月 30 日に ISO から一般公開され，その和英対訳版は日本規格協会のウェブサイトで
無料で公開されている．

の第 1 回会議が開催された．議長はイギリスの Rhys Davies 氏，事務局もイギリスの Charles Corrie 氏が選出された．メルボルン会議では，参加者を二つの作業グループ（WG：Working Group）に分け，それぞれの議長を指名することから行った．WG1 の議長はイギリス代表及びカナダ代表から指名され，アセットマネジメントの概要，原則，用語に関して協議，策定することを担当し，WG2 の議長はオランダ代表から指名され，要求事項とそのガイドラインの協議，策定を担当することになった．それぞれの WG において，規格の構成，作業方針などを協議し，全体会議での意見調整等を行いながらとりまとめを行うことを繰り返す会議であった．そうして，規格策定は 3 年後，2014 年 3 月発行を目標に完成されることで合意し，具体的なドラフト策定作業にとりかかったのである．

1.2.2　WG 会合開催の状況

　メルボルンでの第 1 回 WG 会合の後，アーリントン（アメリカ），プレトリア（南アフリカ），プラハ（チェコ），カルガリー（カナダ）と計 5 回の WG 会合が開催され，委員会原案（CD：Committee Drafts）→国際規格案（DIS：Draft International Standards）→ 最終 国際 規格 案（FDIS：Final Draft International Standards）と，順を追ってドラフト策定作業を行った．この間，参加国メンバー数は少しずつ増加していったが，最終的には，参加国メンバー国 32 か国，オブザーバー国 15 か国の構成となった．**表 1.1**，**表 1.2** で，各会合における主要な協議内容について，簡単に紹介する．

（1）第 2 回アーリントン WG 会合

- ・要求事項の構成は，JTCG が提示しているマネジメントシステムの上位構造，すなわち組織の状況，リーダーシップ，計画，支援，運用，パフォーマンス評価，改善の各項目立てに従うことを確認．
- ・ISO 55001 はアセットマネジメントシステムの要求事項であり，アセットマネジメントのためではないことを確認．つまり，組織の存在意義は，サービスや収益といった価値を生み出すことであり，そのためには保有

表 1.1 ISO アセットマネジメント規格策定経緯

年　月	会　合	開催場所	主たる内容
2009 年 8 月	－	－	BSI より新業務項目提案
12 月	－	－	メンバー国による合意
2010 年 6 月	準備会合	ロンドン	ISO/PC251 の設置と規格策定の基本方針
2011 年 2 月	第 1 回 WG	メルボルン	ドラフト策定にかかわる体制，方針確認，WD の策定作業
10 月	第 2 回 WG	アーリントン	CD1 策定作業
2012 年 2 月	第 3 回 WG	プレトリア	CD2 策定作業
6 月	第 4 回 WG	プラハ	DIS 策定作業
2013 年 5 月	第 5 回 WG	カルガリー	FDIS 策定作業
2014 年 1 月	－	－	ISO 発行（1 月 10 日）

表 1.2 ISO/PC251 メンバー国リスト

［議長：Rhys Davies（イギリス）事務局長：Charles Corrie（イギリス）］

〈参加国メンバー：32 か国〉
1. アルゼンチン，2. オーストラリア，3. ベルギー，4. ブラジル，5. カナダ，6. チリ，7. 中国，8. コロンビア，9. コスタリカ，10. キューバ，11. エクアドル，12. フィンランド，13. フランス，14. ドイツ，15. インド，16. アイルランド，17. イタリア，18. 日本，19. 韓国，20. メキシコ，21. オランダ，22. ノルウェー，23. ペルー，24. ポルトガル，25. ロシア，26. 南アフリカ，27. スペイン，28. スウェーデン，29. スイス，30. アラブ首長国連邦，31. イギリス，32. アメリカ

〈オブザーバー国：15 か国〉
1. アルメニア，2. オーストリア，3. チェコ，4. デンマーク，5. エストニア，6.（香港），7. ハンガリー，8. アイスランド，9. イラク，10. イスラエル，11. マレーシア，12. モロッコ，13. ニュージーランド，14. スロバキア，15. タイ

　しているアセットの価値を実現化するための管理（アセットマネジメント）が重要であるとともに，それをいかにコントロールし，調整するかがアセットマネジメントシステムの役割であるということの確認.
・アセットの所有権を有する期間やライフサイクルの各段階についての整理が重要であることの確認.

1.2 規格策定の経緯 29

- ・アセットマネジメントの重要な要素として，財務及び会計についての記載を加えることを確認．ただし，会計報告の扱いについては各国，各組織において様々な方法論があり，対処が難しい組織も多いことに配慮すべきことから，日本は慎重な議論の必要性を主張．
- ・作業文書（WD：Working Drafts）を CD1 にすることの了承．

(2) 第 3 回プレトリア WG 会合

- ・CD1 に対するコメントへの対応協議．
- ・全ての種類のアセットを対象にする国際規格であるという基本方針は変更しないが，特に物的アセットを意図している旨の但し書きを追記することの確認．
- ・ISO 55000，ISO 55001，ISO 55002 における用語やその定義の一貫性，構造や記述の整合性を確保する必要性の確認．
- ・財務・会計はアセットマネジメントの重要な要素として ISO 55000，ISO 55001，ISO 55002 の中で記述するため，ベルギーからの参加メンバー（公認会計士）によるブリーフィングを実施．
- ・リスクの扱いについては ISO 31000（リスクマネジメント）を参考にすることを確認．
- ・CD1 を CD2 とするための投票を実施することの確認．

(3) 第 4 回プラハ WG 会合

- ・CD2 に対するコメントへの対応協議．
- ・アセットマネジメントとアセットマネジメントシステムの関係を整理．
- ・財務マネジメントに関するタスクチームによる集中討議．日本代表の立場は，技術データと財務データとの間の一貫性や追跡可能性の確保を過度に強調したり要求事項に明示されると，対応できない組織が多いことが懸念されるため，当該国際規格普及のためにも組織が必要とする範囲及び程度内での対処を主張．
- ・適合性審査の審査員に対する力量要求事項の規格［技術仕様書（TS：Technical Specification）］策定の提案（ISO/IEC TS 17021-5，2014 年

30　　　第1章　アセットマネジメントシステムの概要

4月1日発行).

・DIS の策定.

(4) 第5回カルガリー WG 会合

・財務及びリスクマネジメントに関するタスクチームによる集中討議.

・リスクマネジメントにかかわる記述の充実.

・アセットマネジメントとアセットマネジメントシステムとの関連を示す図，及びアセットマネジメントシステムの重要な要素間の関係を示す図の作成，挿入.

・FDIS の策定.

・各国のアセットマネジメントの取組み状況を紹介するワークショップの開催.

FDIS に関しては，ISO 中央事務局でチェックを受けた後，若干の修正があったものの公開され，この FDIS を国際規格として承認するかどうかの投票が 2013 年 12 月 7 日を締切に行われた．その結果，ISO/FDIS 55000 は賛成 26，保留 6，ISO/FDIS 55001 は賛成 26，反対 1，保留 5，ISO/FDIS 55002 は賛成 25，反対 1，保留 6 となり，それぞれの規格が賛成多数を得て，2014 年 1 月 10 日に発行されたのである.

1.2.3　国内審議委員会の開催状況

日本では，2011 年 5 月に，日本工業標準調査会（JISC：Japanese Industrial Standards Committee）から一般社団法人京都ビジネスリサーチセンターに，ISO/PC251 活動への参加，ISO 規格案の審議と投票，国内審議委員会の運営等の業務委嘱がなされ，国内での本格的な取組みが始まった．国内審議委員は，アセットマネジメントに深く関連すると思われる国土交通省，建設・建築業代表，建設コンサルタンツ，日本規格協会，大学関係者等から計 13 名の方々に委嘱した．また，委員会では，経済産業省や関心のある民間企業，各種協会の方々のオブザーバー参加も原則自由として，幅広い層から意見集約ができるよ

うに配慮された.

国内審議委員会は，2011年9月に第1回が開催され，2013年11月までの間に計5回開かれた.基本的には，各WG会合での結果報告，日本としての国際規格の案文へのコメントのとりまとめと各WGへの対応方針，日本国内での課題検討といったことが国内審議委員会での議題であった.

ISO規格のドラフトに関しては，文章の難解さを指摘するコメントも多く，その都度修文を求めてきたが，内容的には，とりわけアセットマネジメントと財務・会計との関連性について多くの時間を割いて議論がなされた.ISO国際規格の要求事項において，技術的なアセットの目録データと会計上の登録との間の追跡可能な関連付けを明確にするような事項，すなわち財務会計システムの構築が含まれるとすれば，日本として対応が非常に困難になるという懸念があったことによる.

WGでは，タスクチームを立ちあげて，財務・会計に関する記述についての議論を積み重ねたが，公会計やインフラ会計あるいは企業会計を念頭に詳細な記載を要求する会計事務所出身の代表メンバーと，そのような会計システムにかかわる記述に慎重な日本メンバーとの議論が続いた.最終的には，重要なことは会計システムを導入することではなく，財務マネジメントであるという認識が共有され，ISO 55001箇条7の7.5（情報に関する要求事項）において"組織は，そのステークホルダーの要求事項及び組織の目標を考慮しつつ，法令及び規制上の要求事項を満たすために必要とされる程度まで，財務的及び技術的なデータとその他の関連する非財務的なデータとの間の一貫性，及び追跡可能性があることを確実にしなければならない."という表現で合意された.

また，ISO 55002には，①財務マネジメントに関連するアセットの情報に関する要求事項について考慮すること，②財務と非財務に関する情報で共通の言語が使用されることで，組織内の異なるレベルや機能のための情報の要求の整合性がとれること，③アセットに関連する財務的な情報が，適切で，一貫し，かつ追跡可能であり，アセットの技術上及び運用上の実体を反映する必要性を考慮すること，が記載されることになった.

32 第1章 アセットマネジメントシステムの概要

　日本側は，日本の公会計上の制度的な限界や，インフラの法定耐用年数と現実の耐用年数とのかい離，インフラ資産価額の評価上の問題など，日本の現行会計制度における問題点を考慮して，会計システムに関する慎重な記述を主張してきたものである．一方，財務会計ベースのアセットマネジメントを指向する欧州各国は，会計システムを記載することが当然という認識をもっていたこと，さらに，民間企業の機械設備等のアセットを念頭に置いた主張が多かったため，必ずしも日本側との議論が噛み合っていなかった．しかし，日本側の主張の真意は，財務情報を用いた評価が重要でないことを指摘しているわけではない．1.1 で言及したように，アセットマネジメントにおいて財務情報を用いた評価はきわめて重要である．とりわけ，公営事業体や民間企業では，当然のことながら財務的パフォーマンス評価はアセットマネジメントの中核的な役割を担っている．公会計制度が未整備な行政部門にでも，アセットマネジメントの財務的パフォーマンス評価の高度化に向かって，鋭意努力を重ねていく必要がある．

　国内審議委員会では，日本国内において，この国際規格の便益をどう説明すべきかといった議論もなされた．ISO 55000 においては，この国際規格を適用することによって，アセットの効果的かつ効率的な管理を通じ，一貫して持続的に組織の目標を達成することができる，と記載されている．しかしながら，国内審議委員会での関心は，国際規格がどのようにアセットマネジメントのビジネス等に影響するのか，どのように国内で普及させるかという視点であった．

　アセットマネジメントシステムを改善したいというのであれば，ISO の要求事項に従って実施すればよいのかもしれないが，ISO の認証を取得するということになると，組織にとって別の便益を求めざるを得ない．例えば，認証を取得することで，実際のマネジメントシステムが働くモティベーションが高まるとか，入札参加の条件，株主への説明責任等があげられよう．インフラアセットに関していえば，日本の場合，国の出先機関や地方公共団体等がアセットを保有している場合が多い．このような公的組織にとっては，マネジメントシステムの改善は必要だが，アセットマネジメントにかかわるビジネス競合相

1.2 規格策定の経緯

手が存在していない．公的組織にとって，認証取得の意味がどこにあるのかが論点になるが，より直接的には，適切な予算管理や，組織ガバナンスの確立，管理瑕疵に対する説明責任というような理由があげられる．

しかし，ISO を適用することにより，アセットマネジメントのガバナンスを継続的に改善することができれば，ISO 55000 シリーズ適用の便益は決して小さくはない．アセットマネジメントには，ハードなアセットマネジメント技術だけではなく人間的な要因が幅広く介在し，ヒューマンエラーや組織的な問題が，思わぬ損失や事故を招く危険性がある．このような損失や事故を防ぐためにマネジメントのガバナンスを改善するという，ISO 適用の本来の価値を理解することが肝要である．

ISO が適用可能な組織としては，アセットポートフォリオの中の特定のアセットに関して，ISO 55001 の要求事項をひととおりカバーするマネジメント能力を有する組織，民間インフラ事業者，さらにはインフラの運営維持管理をコンセッション契約で請け負う，あるいは BOT（Build-Operate-Transfer）ビジネスを担う組織等が考えられる．これらの組織の場合，同業務を受注するにも競合相手が存在するわけで，自らが適切なアセットマネジメントを実施できることを売りにしていかなくてはいけない．つまり "assurance" を示さなくてはならないわけで，それを第三者機関として証明してくれるのが ISO 認証ということになる．また，ISO 認証を有することが，そういった入札参加の資格条件になる場合も想定されるのである．まさしく，イギリスやオーストラリアはそれをもってビジネス参入の強化を図ろうとする戦略であり，またインフラの運営を担う組織体の審査基準や管理基準にも利用しようという意図がある．

日本政府は，都道府県道や市町村道にある橋やトンネルなどの道路施設を5年ごとに点検するよう各地方公共団体（地方自治体）に義務付け，地方公共団体は橋やトンネルなどの健全性を4段階で自己評価し，施設の重要度や健全性に応じた対策に取り組むといった方針を打ち出している．そこでは当然効率的なアセットマネジメントや点検維持管理，補修業務の発注方法の工夫や民間の人材及びノウハウの活用も求められる．また，点検・評価，設計業務にかか

わる技術者だけでなく，アセットマネジメントを運用できるアセットマネージャーの育成も重要な課題になろう．

　今後，アセットの包括管理委託や点検・評価・アセットマネジメント計画策定など，マネジメント業務のアウトソーシングが増加していくことが予想される．点検業務には必ず結果の評価業務が付随する．さらには，その結果がマネジメント計画に反映され，さらに事後評価を経ることにより，アウトソーシング業務の品質改善が可能になる．しかし，インフラ管理者がアウトソーシングを依頼している企業・組織体の内部に立ち入って業務内容の詳細を監査することは不可能である．点検・評価業務の実質化を図るためにも，アウトソーシング業務を包括化するとともに，アウトソース先の企業に対してISO認証を求めていく意義がある．加えて，我が国ではインフラ運営権の売却は緒についたばかりであるが，このようなインフラ運営スキームを発展させるためにISO認証制度は不可欠であると思われる．こういった動きは，この国際規格の普及を促すことになる可能性は大きい．

　一方，我が国のアセットマネジメントでは，多くの管理者が維持管理業務やその一部を分割してアウトソーシングしており，複数の企業・組織が，一連のまとまりのある維持管理業務を分担して実施しているという実態がある．ここに我が国の公的インフラの管理が抱える問題があり，アウトソース先の企業・組織の業務を有機的に関連付け包括化するツールとしてISO認証を活用するなど，我が国にふさわしいISO認証のあり方を模索していくことが必要である．この問題に関しては，本書第2章の8（運用）においても詳細に記述しているので，参照されたい．

1.2.4　ISO 55000 シリーズ発行後の動き

　ISO 55000 シリーズが2014年1月に発行された後，2014年3月にはスウェーデン代表団から ISO 55002（ガイドライン）に関する早急な見直しについての提案があった．その理由としては，①ガイドラインにかかわる協議が他の規格（ISO 55000, ISO 55001）と比較して十分な時間をかけたものになっ

ていなかったこと，②その内容や記述の一貫性について質保証が望まれること，③ユーザー側からすると，より教育的な記載の追加，より実用的で有益な記載の追加，及び要求事項とのより完全でわかりやすい整合性のある記載が求められていること，というものであった．

このスウェーデンの提案について，事務局が参加国からの意見聴取を行った結果，早急な見直しを行うべきと投票したのが7か国，12か月以内の見直しが6か国，見直し不要が9か国，回答保留が9か国と，かなりばらつきのあるものになった．しかしながら，見直しの必要性を認識している国が13か国を占めたことを受け，事務局は，通常であれば発行5年後に見直し作業が始まり，2021年～2023年頃に改正版が発行される見込みであるところ，PC251を引き継ぐ形でTCを新たに設置し，2015年後半から見直し作業を始め，2018年～2019年頃に改正版を出すという目標にしてはどうかという提案を行った．2014年9月には，その事務局案が支持され，専門委員会設置の手続きが進められている状況にある．当面は，ISO 55002ガイドラインの見直しに集中して作業がなされるものと思われる．

1.3　ISO 55000によるアセットマネジメントの概要と原則

アセットマネジメント及びアセットマネジメントシステムの概要を示すものがISO 55000（アセットマネジメント―概要，原則及び用語）である．ここでは，ISO 55001による要求事項を理解するために不可欠なアセットマネジメントとアセットマネジメントシステムに関する基本的な考え方を，ISO 55000の内容に沿って紹介することにする．

1.3.1　アセットマネジメントの国際規格

組織は，個々にその存在意義や，組織が達成すべきビジョン，使命あるいは目標を掲げて活動しており，それらの活動は組織が有しているアセットの効果的かつ効率的な管理を通じて実現できるものである．換言すれば，組織経営の

ために，アセットの管理は，コストとリスクとパフォーマンスの望ましいバランスを取りつつ，アセットの価値の実現化を図ることが肝要であるということである．そのような実践的な活動は，現場の維持管理技術だけで支えられるものでは到底ない．システム化された組織マネジメントとして取り組む必要がある．

　だが，実際の組織の中では何が起こっているだろうか．トップマネジメント（経営陣）による組織の経営方針を議論しているところがあり，一方で，現場ではアセットの維持管理を様々な工夫で実践しているエンジニアリング的な活動が行われているところがある．また，財務面だけを厳しくチェックしているところもあろう．しかしながら，そこに果たして十分なコミュニケーションが成立しているかどうかが問われることになる．例えば，“技術的に補修が必要”と現場が主張しても，財務部門は“資金繰りが難しい”と反論する，平行線の議論が起こることはよくある話である．そこに，アセットマネジメントあるいはマネジメントシステムが必要になるという背景がある．組織は共通の目標達成のために，分野横断的に，同じ方向をもってアセットの価値の実現化に取り組む必要がある．ISO/PC251 の議長は，アセットを管理するということと，アセットマネジメントとは異なるものであるということの原点がそこにあると指摘している．

　組織は，アセットを管理する上で，組織の性質や目標，運営状況，資金制約や規制の要求事項，組織並びにそのステークホルダーのニーズや期待といった要素を考慮する必要がある．しかしながら，多くのアセットが示す固有のリスクは，それらの要素の状況に応じて，常に変化しているのが実情であろう．したがって，アセットマネジメント及びそれを支えるマネジメントシステムは，組織の幅広いガバナンスとリスクの枠組みに統合されるときに，目に見える便益を顕在化させ，組織に良い影響を与え得ると考えられる．だからこそ，組織マネジメントの規格化が有効になると考えられるのである．

　ISO が発行しているマネジメントシステム規格として，品質マネジメントシステム（ISO 9000 シリーズ）や環境マネジメントシステム（ISO 14000 シリーズ）を思い浮かべる方も多いだろう．この国際規格は，アセットマネジメ

ントのためのマネジメントシステムである．ISO 9000 シリーズや ISO 14000 シリーズの定義によれば，マネジメントとは"組織を指揮し，管理するための調整された活動"であり，システムとは"相互に関連する又は相互に作用する要素の集まり"である．そして，マネジメントシステムは"方針及び目標を達成するためのシステム"となる．

マネジメントシステムで求められる重要なことは，マネジメントの継続的な改善ができる仕組みが組織の中に組み込まれ，働いているかどうかということである．したがって，ISO マネジメントシステム規格には，"何をしなくてはならないか（What）"が示されており，"どのように実施するか（How）"はそれぞれの組織の判断が尊重されるものになっている．決して画一的なシステムを組織に強制するものではない．各組織が，その実態に即して，アセットの価値の実現のために確立する方法論を許容するものであるという点に留意する必要がある．

アセットマネジメント国際規格のスコープは，ISO 55000 がアセットマネジメント及びアセットマネジメントシステムの概要，原則，関連する用語の定義付けといったことを示すもの，ISO 55001 がアセットマネジメントシステムの要求事項を示すもの，ISO 55002 が同要求事項を満たすためのガイドラインを示すものとなっている．ISO の中には，単に規格指針を示すだけのものがあるが，ISO 55001 は"…しなければならない"という要求事項を含むものとなるため，認証に用いることが可能である．

1.3.2 重要な要素間の関係

ISO 55000 には，この国際規格で使用される用語の定義がされている．この国際規格があらゆる種類のアセットを対象にするということなので，重要な基本用語も一般的なものにならざるを得ない．なお，用語の定義については，第 2 章の 3 も参照されたい．

（1）アセット

アセットは，"組織にとって潜在的に又は実際に価値を有するもの"と定義

される．アセットの種類は様々であり，その価値も活用する人々や組織によって異なり，また，環境の変化によっても異なるものであるが，組織の目的を達成するためには不可欠なものであることは自明である．よって，組織は，そのアセットの有する価値をライフサイクルを通じて実現化するとともに，アセットに対して責任を有することになる．

（2）アセットマネジメント

アセットマネジメントは，"アセットからの価値を実現化する組織の調整された活動"と定義される．組織の持続的な運営が確立できるよう，コストやリスクといった要素間のバランスを考慮して，組織全体としての望ましいアセットのパフォーマンスを確実にするものである．

（3）アセットマネジメントシステム

"アセットマネジメントのためのマネジメントシステム"である．すなわち，アセットマネジメントの部分集合である．アセットマネジメントの方針及び目標を確立し，実践する際には，組織構造，役割，責任，資源，能力，情報といった組織内の関連し，影響し合う要素が適切に働くことが必要となる．

これらのアセットマネジメントシステムにかかわる重要な要素間の関係については，**図1.3**のように整理される．組織全体のマネジメントの一つとしてアセットマネジメントが存在するが，そのアセットマネジメントも必ずしも一つではない．その中から，アセットマネジメントシステムを適用するアセットマネジメントを明確にし，同マネジメントシステムによってアセットポートフォリオが適切に管理され得るということである．アセットポートフォリオから始めるとすれば，それを管理し得るものとしてアセットマネジメントシステムがあり，アセットマネジメントシステムが組織内に組み込まれ，適切に働くことによってアセットマネジメントが効率的，効果的に実践され得ることになる．その結果として，組織全体のマネジメントに貢献できるというものである．なお，アセットマネジメントシステムは，アセットマネジメントを適切に動かす組織内の手段であり，道具であると理解することでも構わない．

1.3 ISO 55000によるアセットマネジメントの概要と原則

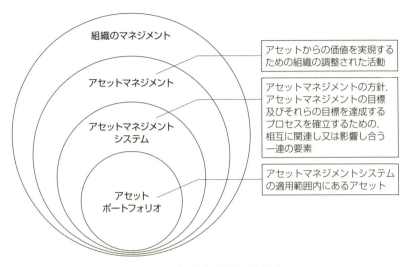

図 1.3 重要な用語間の関係 [1]

1.3.3 アセットマネジメントの基本

アセットマネジメントは，リスクに基づいたアプローチを使って，組織の目標を，アセットに関連する意思決定，計画及び活動に変換するものであるといえる．それを実践することによって，様々な便益を組織にもたらすものである．その便益の中には，例えば，財務パフォーマンスが改善されること，情報に基づいたアセットの投資決定が可能になること，リスクが適切に管理されること，サービス及び結果の改善が期待できること，コンプライアンスの実証になり得ること，ステークホルダーの信用といった組織のレピュテーション（評判）の向上が期待できること，組織の持続可能性が保証されることなどが含まれよう．

そのような便益をもたらすであろうアセットマネジメントには，基本的考え方として，以下の四つの視点が強調されている．

(1) アセットの価値

アセットマネジメントは，アセットそのものに着目することはしないが，アセットが組織に提供することができる価値に着目する．その価値は，組織の目

標とアセットマネジメントの目標が同じ方向性を向いていること，アセットライフを超えた時間軸で評価されること，そしてステークホルダーのニーズを反映し，価値を定義付ける意思決定のプロセスを確立することで決定されるものである．

(2) 整 合 性

アセットマネジメントのプロセスは，組織の中で単独で実施されるものではない．財務，人的資源，情報システム，ロジスティックス及び運用等の組織の機能的マネジメントのプロセスと一体のものでなければいけない．そのためには，組織の中で，マネジメントシステムとして組み込み，組織の計画策定や意思決定のプロセスとして扱うことで，一貫性と整合性を確保する必要がある．

(3) リーダーシップ

全てのマネジメントの階層におけるリーダーシップ及びコミットメントは，組織内にアセットマネジメントを成功裏に確立し，運用し，改善するために不可欠である．これは，アセットマネジメントの方針と目標を明確にし，組織内の役割，責任，権限を示すこと，それを組織内の人々が認識し，実行できる能力や権限を与えられることを確実にし，アセットマネジメントにかかわる全てのステークホルダーとの協議を実施することで示すことができるものである．

(4) 保 証

組織の中でアセットマネジメントの有効性を示すためには，それを実践すれば，アセットの価値が実現化され，アセットに求められる目的を満たすことを保証しなければならない．そうすることで，組織を効果的に統率することが可能になると考えられる．そのためには，アセットに求められる目的及びパフォーマンスを組織の目標に関連付けるプロセスを策定し，全てのライフサイクルの段階を通じてアセットのもつ能力を保証するためのプロセスを実施すること，モニタリングや継続的改善のためのプロセスを実施すること，必要な資源や力量ある要員を提供することが必要になる．

1.3 ISO 55000 によるアセットマネジメントの概要と原則

1.3.4 アセットマネジメントシステム

アセットマネジメントシステムは，相互に関連し，影響し合う組織の一連の要素であり，アセットマネジメントのためのマネジメントシステムである．したがって，アセットマネジメントの方針や目標，そしてその目標を達成するために必要なプロセスといったものを確立することになる．図1.4は，それらの重要な要素の関連性を示している．

まず，"組織の計画と組織の目標"から，"アセットマネジメント方針"を含め，"パフォーマンス評価と改善"にいたる縦の流れに着目する．"組織の計画と組織の目標"は，"ステークホルダーと組織の状況"をよく理解した上で設定されるものであり，それに基づいて"アセットマネジメント方針"や"アセットマネジメント目標"が立てられる．"アセットマネジメント方針"は，組織

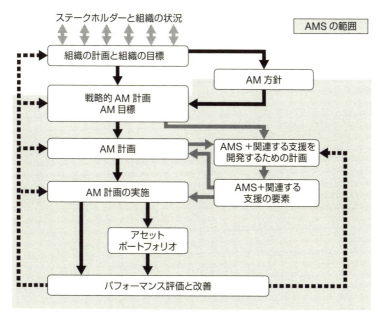

図1.4　アセットマネジメントシステムの重要な要素間の関係[1]
（AM：アセットマネジメント，AMS：アセットマネジメントシステム）

の目標に対する組織のコミットメントやアセットマネジメントを適用しようとする際の原則を示すものであり，アセットマネジメントに取り組む大きな枠組みを提供するものなので，トップマネジメントの明示的な意図であるといってよい．

また，"アセットマネジメント方針"と"アセットマネジメント目標"をつなぐものでもある"戦略的アセットマネジメント計画（SAMP：Strategic Asset Management Plan）"には，アセットマネジメントを適用する際の原則を実施する方法が記載されるが，そうすることによって，"アセットマネジメント目標"設定の手引となり，アセットマネジメントシステムの役割は何かといったことが明示されることになる．これは，組織の意図や目標を，アセットマネジメントによって実現されるであろう目標に置き換える作業である．アセットマネジメントの目標達成のための具体的な活動は，"アセットマネジメント計画"を策定する作業である．アセットについて，いつ何をすべきかといった活動が明確にされることになるが，その際には，特定の測定可能な目標を設定しておくことが望ましいとされる．そうして，アセットの"パフォーマンス評価と改善"並びにアセットマネジメント及びアセットマネジメントシステムの実施状況の評価と改善を行うことになる．

次に，関連する"支援"にかかわる活動が示されているところに着目する．"アセットマネジメント目標"及び"アセットマネジメント計画"に対して，アセットマネジメントシステムとそれに関連する"支援"の要素が適切に計画され，インプットされることで，計画が実践され得るということである．"支援"とは，資源，力量，認識，コミュニケーション，情報に関する要求事項，文書化した情報といった要素からなり，そのような"支援"の要素が"アセットマネジメント計画"と"アセットマネジメント計画の実施"にどのようにインプットされるかは，アセットマネジメントの成否に直接影響を及ぼすものとなる．

もう一つ重要な点は，"パフォーマンス評価と改善"から破線の矢印で示されているボトムアップの活動である．パフォーマンス評価結果が目標や計画レベルにフィードバックされることで，アセットだけでなく，アセットマネジメ

1.3 ISO 55000 によるアセットマネジメントの概要と原則　　43

ントとアセットマネジメントシステムの改善が図られるというものであり，こ
れが"継続的改善"を意味する．

　こういったマネジメントを組織内で確立するためには，当然のように部局横
断的な取組み，調整が必要となることは明らかであろう．それは，時に組織文
化の変化や人々の意識改革を伴うことになるかもしれない．マネジメント向上
のために組織内の障壁を取り払い，組織全体が同じ目標に向かって活動する姿
が求められるのである．それは，短期主義や局部的成果，自己満足といったこ
とを許すことにはならない．

　日本においては，その多くの組織が現場レベルで様々な要素技術をもって，
工夫された維持管理を行っている．しかしながら，方針を立て，目標を立て，
計画を策定し，現場での結果を経営のトップマネジメントまでフィードバック
し，継続的な改善を図るという体系的なマネジメントシステムになっているか
というと怪しい．マネジメントの実践結果が，組織のトップマネジメントに適
切にフィードバックされていない，あるいは外部のステークホルダーに示せて
いないということではないだろうか．日本の組織も，何らかの形でマネジメン
トシステムを動かしているのだとすれば，現状組織の活動を編集し直す作業を
行うことで，図 1.4 に示すような ISO マネジメントシステムに適合すること
はさほど難しくないのかもしれない．

　こういった，あるべき姿や仕組みを整理して打ち出し，それに沿った組織マ
ネジメントを実践するのがよいとするアプローチはいかにもアングロサクソン
的であり，日本的なものとは異なるものかもしれない．しかしながら，このよ
うなシステムに沿ったアセットマネジメント活動の保証を示すことができなけ
れば，アセットマネジメントにかかわるビジネス参入は難しいということを，
ISO 規格は意図しているという見方もできるのである．

1.3.5　統合マネジメントシステムのアプローチ

　ISO には，数々のマネジメントシステム規格が存在する．例えば，品質（ISO
9001），環境（ISO 14001），情報セキュリティ（ISO 27001）などである．し

かしながら，それらの規格にある要求事項には共通事項が多いにもかかわらず，組織は複数のマネジメントシステム規格を同時に実施しなければならないという問題が顕在化し，かえって非効率なマネジメントとなることが懸念されている．そこで ISO では，JTCG によるマネジメントシステムについての上位規格"ドラフトガイド 83（ISO DGuide 83）"を策定し，その内容を組み込む形で開発された"ISO/IEC 専門業務用指針　統合版 ISO 補足指針"の附属書 SL（規定）をもとに，マネジメントシステム規格の統合化を進めている．すでに品質や環境といったマネジメントシステム規格を採用している組織においては，統合マネジメントシステムのアプローチを採用することによって，既存のマネジメントシステムの要素の上に新しい規格を構築することが可能になる．それは，アセットマネジメントシステムを構築及び維持するために必要とされる労力やコストの節約を可能にすることになる．

　アセットマネジメントは，組織の多くの機能に関連するので，当然，統合マネジメントシステムのアプローチとして取り組むことが望ましい．

1.3.6　ま　と　め

　日本では，ISO の品質管理や環境マネジメントシステムについて，様々な不満の声を聞くことも事実である．例えば，"ISO 認証取得が目的化してしまっている"とか，"マネジメントの改善などみられないので ISO は役に立たない"とか，"つまらない文書や記録ばかりを作らされ，不必要なものを管理させられている"などである．ISO/PC251 に参加している他国の代表に，"日本ではこのような不満をよく聞くがどうか？"と尋ねると，同様の悩みがあるという国もあれば，そのような不満があるのはマネジメントシステムに対する理解不足か，誤解からくるもので，本来のマネジメントシステムの目的である"継続的な改善"の重要性が忘れられているのではないか，との指摘を受けたこともある．国際規格の本質的目的とその価値を正しく理解し，見極めることが大切である．

第2章

ISO 55001 の逐条解説

1　適用範囲

　箇条1では，ISO 55001 がアセットマネジメントシステムにかかわる要求
事項を規定するものであることを示すとともに，ここで扱うアセットは全ての
アセットの種類を対象とすること，並びに全ての種類及び規模の組織に適用さ
れ得ることを示している．

──────────────────────────────── ISO 55001：2014 ─

1　適用範囲

この国際規格は，組織の状況におけるアセットマネジメントシステムのた
めの要求事項を規定する．

この国際規格は，全てのアセットの種類に適用し，全ての種類及び規模の
組織によって適用することができる．

注記1　　この国際規格は，特に物的アセットを管理することに適用され
ることを意図しているが，他のアセットタイプに適用することも可能であ
る．

注記2　　この国際規格は，特定のアセットタイプを管理するための財務，
会計又は技術的な要求事項を規定するものではない．

注記3　　ISO 55000，ISO 55002 及びこの国際規格の目的のため，"ア
セットマネジメントシステム"という用語は，アセットマネジメントのた
めのマネジメントシステムを表すものとして使われる．

（1）規定の趣旨

本規格が規定する対象のアセット及び組織を示し，規格の適用範囲を明確にしようというものである．

（2）活用のポイント

ISO 55001 で規定される要求事項は，アセットマネジメントシステムのためのものである．ここには，"アセットマネジメント"と"マネジメントシステム"という二つの用語が使われていることになるが，注記3にあるように，アセットマネジメントシステムとは，"アセットマネジメントのためのマネジメントシステム"であるとされる．ISO 55000 では，アセットマネジメントは，"アセットからの価値を実現化する組織の調整された活動"と定義されている．

一方，マネジメントシステムについては，ISO 9000 シリーズや ISO 14000 シリーズなどにもあるように，すでに ISO の中で確立した定義が存在しており，"方針，目標，及びその目標を達成するためのプロセスを確立するための，相互に関連する，又は相互に作用する組織の一連の要素"となっている．すなわち，アセットマネジメントのためのマネジメントシステムとなると，アセットマネジメントが適切に実施されて目標を達成するための組織経営の仕組みや道具と理解することができよう．

対象となるアセットについては，"全てのアセットの種類"に適用され得るとされている．"全てのアセットの種類"というのは，物的アセットはもちろんのこと，ソフトウェア，特許，ブランド，情報，金融資産，人材などの有形・無形のもの，及び金銭的・非金銭的なものを含み，組織にとって価値をもつ全てのアセットという意味である．

ISO/PC251 会合の初期の段階では，インフラのような公共サービスを提供するようなアセットと，民間企業が保有するアセット（例えば，プラント工場の施設，機器，建設機械など）では，そのアセットのもつ価値やライフサイクル評価の考え方は異なるのではないかという疑問も提示された．また，測定の可否についても，インフラや民間工場施設とその他のアセットでは異なるのではないかという指摘もあり，物的アセットに特化した規格にすべきといった意

1 適用範囲

見も出た．しかしながら，あらゆるアセットを対象にするために一般的な記述にするというコンセンサスは，準備会合での合意事項だったため，その適用範囲を変更することはしなかった．ところが，規格のドラフト作業を進めていくと，どうしても物的アセットを念頭に置いた案文となってしまうことから，注記1で"この国際規格は，特に物的アセットを管理することに適用されることを意図しているが，他のアセットタイプに適用することも可能である"と記載された経緯がある．そこに規格のあいまいさ，解釈の幅が生まれてしまう懸念は出てくるかもしれない．

さらに，注記2では"この国際規格は，特定のアセットタイプを管理するための財務，会計又は技術的な要求事項を規定するものではない"と記載されている．マネジメントシステムで求められる重要なことは，マネジメントの継続的な改善ができる仕組みが組織の中に組み込まれ，働いているかどうかということであり，アセットマネジメントそのものの達成度や成熟度ではない．したがって，ISOマネジメントシステム規格には，"何をしなくてはならないか（What）"が示されており，"どのように実施するか（How）"はそれぞれの組織の判断に委ねられている．組織によってアセットの価値が異なれば，どのようにアセットを管理するかについてはアセットごとに異なることも多いことから，事実上Howを一般的な要求事項にすることは不可能である．このため，アセットに関連して，財務や会計又は技術的にどう管理するかは要求事項で規定していない．

(3) 要　　点

1. アセットマネジメントシステムという用語は，アセットマネジメントのためのマネジメントシステムを意味する．

2. 規格は，全てのアセットの種類に適用され得るとともに，全ての種類及び規模の組織に適用され得る．

3. 規格には，"何をしなくてはならないか（What）"が示されており，"どのように実施するか（How）"はそれぞれの組織の判断に委ねられている．

48　　　第 2 章　ISO 55001 の逐条解説

3　用語及び定義

　我が国では，社会資本のアセットマネジメントについて議論され出してから
10 年以上が経過するが，その間，“アセットマネジメント”という用語に対し
て様々な定義がなされてきている．維持管理の視点からの狭い範囲の定義から，
より範囲の広い定義まで様々である．今回の ISO 55000 シリーズ作成の原案
作成の段階でも，いくつかの定義が検討されたが，最終的には非常に広いもの
となっている．

　用語の定義は，ISO 55000 に示されていて，ISO 55001 と ISO 55002 では，
ISO 55000 の用語を用いることだけが示されている．さらに，ISO 55000 では，
3.1（一般用語），3.2（アセットに関連する用語），3.3（アセットマネジメン
トに関連する用語），3.4（アセットマネジメントシステムに関連する用語）の
順で示されている．

　ここでは，本規格の理解を容易にするために，順番を変えて，3.2，3.3，3.4，
3.1 の順に主だった用語の解説を行う．

ISO 55000：2014

3.2　アセットに関連する用語

3.2.1　アセット（asset）

組織（3.1.13）にとって潜在的に又は実際に価値を有するもの

注記 1　　価値は有形・無形のもの，金銭的・非金銭的なものであり得，
リスク（3.1.21）及び責任の考慮を含むものである．それは，アセットラ
イフ（3.2.2）の異なる段階で好ましいもの又は好ましくないものであり
得る．

注記 2　　物的アセットは，通常，組織によって所有される機器，在庫品
及び財産を表す．物的アセットは，賃貸，銘柄，デジタルアセット，権利
使用，特許，知的財産権，評判又は合意といった非物的アセットである無
形のアセットの正反対のものである．

3 用語及び定義

49

> **注記3** アセットシステム（3.2.5）と呼称されるアセットの集合体も
> アセットとして考慮され得る.

本規格では，"アセット"，"アセットマネジメント"，"アセットマネジメントシステム"という用語の定義は，規格全体の性格を左右する重要なものである.

このため，まず"アセット"をどう定義するかについて，種々の議論がなされた．規格策定作業の初期段階では，主に物的アセットを対象とした"組織にとって明確な価値を有する，設備，機械，不動産，建物，車両など"というような案も出された．しかし，本規格がより広く適用されるようにとの配慮から現在の定義にいたっている.

この定義では，物的なものはもちろん，人材や資金，情報や信頼関係など様々な有形無形のもの，目に見えるもの・見えないもの，計測できるもの・できないものまでが含まれる．ただし，ISO 55000 の 1（適用範囲）の注記にあるように，この規格全体としては，物的アセットを主な対象としている.

ISO 55000：2014

3.2.2 アセットライフ（**asset life**）

アセットの企画段階からアセット（3.2.1）の活用の終わりまでの期間

3.2.3 ライフサイクル（**life cycle**）

アセット（3.2.1）のマネジメントに関係する段階

注記1 段階の名称及び数，並びに各々の段階のもとでの活動は，通常，産業セクターによって異なり，組織（3.1.13）によって決定される.

3.2.4 アセットポートフォリオ（**asset portfolio**）

アセットマネジメントシステム（3.4.3）の適用範囲内にあるアセット（3.2.1）

注記1 ポートフォリオは，典型的には，経営管理目的のために確立さ

れ，割り当てられる．物理的ハードウェアのためのポートフォリオは，カテゴリー（例えば，プラント，機器，道具，土地）によって定義される．ソフトウェアのポートフォリオは，ソフトウェアの発行者又はプラットフォーム（例えば，PC，サーバー，大型コンピューター）によって明確にされる．

注記2　アセットマネジメントシステムは，複数のアセットポートフォリオを包含することができる．複数のアセットポートフォリオ及びアセットマネジメントシステムが採用される場合は，アセットマネジメント（3.3.1）の活動は，ポートフォリオとシステムとの間で調整されることが望ましい．

3.2.5　アセットシステム（asset system）
相互に作用し，又は相互に関連し合う，一連のアセット

3.2.6　アセットタイプ（asset type）
アセットをグループ又は階層として区別する共通の特徴をもつアセット（3.2.1）の集合体

（例）　物的アセット，情報アセット，無形のアセット，重要アセット（3.2.7），支援アセット，線形アセット，情報コミュニケーション技術（ICT）アセット，インフラストラクチャーアセット，可搬アセット．

3.2.7　重要アセット（critical asset）
組織（3.1.13）の目標（3.1.12）の達成に重大な影響を及ぼす潜在性を有するアセット（3.2.1）

注記1　アセットは，安全性に重要なもの，環境に重要なもの，又はパフォーマンスに重要なもの（3.1.17）であり得，法令，規制又は規則上の要求事項（3.1.20）に関連し得る．

注記2　重要アセットは，重要な顧客にサービスを提供するのに必要なアセットに当てはめることができる．

注記3　アセットシステム（3.2.5）は，個々のアセットと同様の方法

で重要であることを区別することができる.

　原案作成の段階では，"3.2.4　アセットライフサイクルの段階（asset life cycle stage）"という用語も検討されていたが，最終的には削除されている.

　"アセットライフ"は，モノの単なる寿命とは異なる．"企画段階から活用の終わりまでの期間"とあるように，まだモノが存在しない段階から始まる．また，寿命がまだあっても，活用できなければアセットライフはなくなる.

　"ライフサイクル"は，"段階"と定義しており，アセットライフと共通点を有する概念でもある．55000 の 2.4.1 には"ライフサイクル（アセットの必要の認識から始まり，廃棄を通じ，廃棄後の潜在的な責任管理を含む）の異なる段階"というような表現もあり，注記 1 からも"段階"は適切に決定してよいものである.

　"アセットポートフォリオ"は，"資産構成"と和訳されることもあるが，若干限定的な意味合いになるので，そのままアセットポートフォリオと訳した.

ISO 55000：2014

3.3　アセットマネジメントに関連する用語

3.3.1　アセットマネジメント（asset management）

アセット（3.2.1）からの価値を実現化する組織（3.1.13）の調整された活動

注記 1　　価値の実現化は，通常，コスト，リスク（3.1.21），機会及びパフォーマンス（3.1.17）の便益のバランスを取ることを含む.

注記 2　　活動も，アセットマネジメントシステム（3.4.3）の要素の適用に当てはめることができる.

注記 3　　"活動"という用語は，幅広い意味を有しており，例えば，アプローチ，計画策定並びに計画及びその実施を含み得る.

第2章　ISO 55001 の逐条解説

“アセットマネジメント”の定義は実に様々なものがある．例えば，2002年前後に国土交通省の道路局が行政機関として初めてアセットマネジメントを政策として打ち出した際に示した定義は，“道路管理において，橋梁，トンネル，舗装などを道路資産ととらえ，その損傷・劣化などを将来にわたって把握することにより，最も費用対効果の高い維持管理を行う概念”というもので，維持管理の要素が前面に出た工学中心のハードよりのものである．その後，土木学会の建設マネジメント委員会が示した定義は，“国民の共有財産である社会資本を，国民の利益向上のために，長期的視野に立って，効率的，効果的に管理・運営する体系化された実践活動．工学，経済学，経営学などの分野における知見を総合的に用いながら，継続して（粘り強く）行うものである．”となり，工学以外の要素も含めた，かなり幅広いものとなっている．

国際的にみると，世界道路協会（World Road Association，通称 PIARC）では“資産の維持，改良，運営のシステマティックな手続きで，工学的手法にビジネス手法や経済合理性を組み合わせたもの．住民の期待に応えるための系統だった，かつ柔軟な意志決定のための手段を提供するためのもの”とあり，上記の土木学会の定義と類似したものとなっている．

これらに比べると，本規格の定義はシンプルで幅広いものとなっている．そのため，この規格を用いる者がどう解釈するかによって柔軟な対応ができるということでもある．

ISO 55000：2014

3.3.2　戦略的アセットマネジメント計画（**strategic asset management plan**）**SAMP**

組織の目標（3.1.14）を，どのようにアセットマネジメント（3.3.1）の目標（3.1.12），アセットマネジメント計画（3.3.3）を策定するためのアプローチ，及びアセットマネジメントの目標の達成を支援することにおけるアセットマネジメントシステム（3.4.3）の役割に変換するのかを規定する文書化した情報（3.1.6）

3 用語及び定義　53

注記 1　　戦略的アセットマネジメント計画は，組織の計画（3.1.15）から得られるものである．

注記 2　　戦略的アセットマネジメント計画は，組織の計画に含まれ，又は補完的な計画であってもよい．

　"戦略的アセットマネジメント計画（SAMP）"は，この規格の中でも最重要な用語の一つである．また，理解しづらい用語でもある．第 1 章の図 1.4 に示すように，SAMP は"組織の目標"と具体的な"アセットマネジメント計画"をつなぐものと位置付けられている．ISO 55001 の 4（組織の状況）にはSAMP がアセットマネジメントの目標を含むことを示しており，また SAMP が"アセットマネジメントの方針"と整合すべきことも示している．この"アセットマネジメントの方針"は，5（リーダーシップ）でトップマネジメントが確立するものとして示されている（第 2 章の 8 参照）．

-- **ISO 55000：2014** -

3.3.3　アセットマネジメント計画（**asset management plan**）

組織（3.1.13）のアセットマネジメント（3.3.1）の目標（3.1.12）を達成するために，個々のアセット（3.2.1）又はアセットのグループ化について必要とされる活動，資源及び時間を規定する文書化した情報（3.1.6）

注記 1　　アセットのグループ化は，アセットタイプ（3.2.6），アセットの階級，アセットシステム（3.2.5）又はアセットポートフォリオ（3.2.4）によってもよい．

注記 2　　アセットマネジメント計画は，戦略的アセットマネジメント計画（3.3.2）から得られる．

注記 3　　アセットマネジメント計画は，戦略的アセットマネジメント計画に含まれ，又は補完的な計画であってもよい．

3.3.4 予防処置（preventive action）

潜在的な不適合（3.1.11）又はその他の望ましくない起こり得る状況の原因を除去する処置

注記1　この定義はアセットマネジメント（3.3.1）の活動に特有のものである．

注記2　起こり得る不適合の原因は，一つ以上あり得る．

注記3　予防処置は，発生を予防し，アセット（3.2.1）の機能を保全するために取られる．一方，是正処置（3.4.1）は，再発予防のために取られる．

注記4　予防処置は，通常，アセットが機能的に利用され，運用されている間，又は機能的不具合の兆候の前に実行される．

注記5　予防処置は，消耗することが機能的な要求事項（3.1.20）である消耗品の補充を含む．

［出典：ISO 9000：2005, 3.6.4, modified - Note 3 to entry has been modified; Notes 1, 4 and 5 have been added］

3.3.5 予知行動（predictive action）

アセット（3.2.1）の状態をモニタリングし，予防処置（3.3.4）又は是正処置（3.4.1）の必要性を予知する行動

（注記1）予知行動は，一般に，"状態のモニタリング"又は"パフォーマンスのモニタリング"とも呼称される．

3.3.6 サービスレベル（level of service）

組織（3.1.13）が作り出す社会的，政治的，環境的及び経済的な成果に関連するパラメータ又はパラメータの組合せ

注記1　パラメータは，安全，顧客満足度，質，量，受容能力，信頼性，責任，環境許容度，コスト及び利用可能性を含むことができる．

上記のうち，3.3.3から3.3.5は，現在我が国で使われている用語の意味合

3 用語及び定義 　　　　　55

いと大差はないと思われる．3.3.6（サービスレベル）については，我が国では顧客からの要求水準として理解される場合が多いと思われるが，ここでは組織が主体となったものとなっている．

-------------------------------------- ISO 55000：2014 --

3.4 アセットマネジメントシステムに関連する用語

3.4.1 是正処置（corrective action）

不適合（3.1.11）の原因を除去し，再発を予防するための処置

注記1 　不適合ではないが望ましくない成果の場合，処置は，原因を最小にし，又は除去し，影響を低減し，又は再発を予防するために必要である．このような処置は，この定義の意味合いにおける"是正処置"の概念の外にある．

3.4.2 マネジメントシステム（management system）

方針（3.1.18），目標（3.1.12）及びその目標を達成するためのプロセス（3.1.19）を確立するための，相互に関連する，又は相互に作用する組織（3.1.13）の一連の要素

注記1 　一つのマネジメントシステムは，単一又は複数の分野を取り扱うことができる．

注記2 　システムの要素には，組織の構造，役割及び責任，計画，運用などが含まれる．

注記3 　マネジメントシステムの適用範囲は，組織全体，組織内の特有かつ特定された機能，組織内の特有かつ特定された部門，又は複数の組織のグループを横断する一つ若しくは複数の機能を含んでもよい．

3.4.3 アセットマネジメントシステム（asset management system）

アセットマネジメントの方針（3.1.18）及びアセットマネジメントの目標（3.1.12）を確立する機能をもつアセットマネジメント（3.3.1）のためのマネジメントシステム（3.4.2）

注記1 　アセットマネジメントシステムは，アセットマネジメントの部分

56 第2章 ISO 55001 の逐条解説

集合である.

ISO 55000 シリーズはマネジメントシステムの規格であるため，3.4.2 と 3.4.3 は中核の用語である.

一般的用語として，3.1.1 監査（audit），3.1.2 実現能力（capability），3.1.3 力量（competence），3.1.4 適合（conformity），3.1.5 継続的改善（continual improvement），3.1.6 文書化した情報（documented information），3.1.7 有効性（effectiveness），3.1.8 インシデント（incident），3.1.9 モニタリング（monitoring），3.1.10 測定（measurement），3.1.11 不適合（nonconformity），3.1.12 目標（objective），3.1.13 組織（organization），3.1.14 組織の目標（organizational objective），3.1.15 組織の計画（organizational plan），3.1.16 アウトソース（動詞）（outsource（verb）），3.1.17 パフォーマンス（performance），3.1.18 方針（policy），3.1.19 プロセス（process），3.1.20 要求事項（requirement），3.1.21 リスク（risks），3.1.22 ステークホルダー（stakeholder），3.1.23 トップマネジメント（top management）が示されている．それぞれの用語は，必要に応じて関連する箇条に関する解説で示すこととし，ここでは詳細は省略する.

4 組織の状況

第1章の図 1.4 に示すようにアセットマネジメント計画は SAMP に基づき決定されるが，SAMP は組織の計画と組織の目標と整合していなければならない．組織の目標を明確にし，組織の計画や SAMP を立てるためには，組織の内外の状況の把握は不可欠である.

ISO 55001 では，まずは組織そのものの状況を理解し，ステークホルダーのニーズと期待を理解することを求めている．さらに，それを基にアセットマネジメントの方針と SAMP の設定が必要となるが，アセットマネジメントシステムの適用範囲を決定し，アセットマネジメントシステムを回していくこと

4 組織の状況　　57

を要求している.

ISO 55001：2014

4　組織の状況

4.1　組織及びその状況の理解

組織は，その目的に関連し，そのアセットマネジメントシステムの意図した成果を達成する組織の能力に影響を与える，外部及び内部の課題を決定しなければならない.

戦略的アセットマネジメント計画（SAMP）に含まれるアセットマネジメントの目標は，組織の目標と整合し，一貫していなければならない.

（1）規定の趣旨

　組織はそれぞれの目的（purpose）を有している. この目的を達成する上で，組織の内部と外部の様々な要素が"組織の能力"に影響を与えるが，まずはどのような要素があるかを理解することが不可欠である. その上で，それらが組織そのものに，あるいは SAMP にどう影響するかの分析が必要である.

　まず"外部及び内部の課題（issues）"であるが，外部の課題には，法律や規制，経済状況や社会状況，自然状況などが考えられる. 内部の課題には，組織的なもの，財政上のもの，企業の経営方針に関連するものなどがあり得る. 特に重要で，また状況の理解が難しいのは将来のことである. 例えばサービスの需要の理解は不可欠であるが，難しいものである.

　冒頭で"組織はそれぞれの目的を有している"と書いたが，全部の組織が確実に目的を認識しているかというと，必ずしもそうは言い切れない場合もある. 例えば，インフラを管理する地方公共団体などでは，地方公共団体とその各部署はそれぞれの目的を有しているはずであるが，日常業務を行う中で意識されることがない場合もある. 地方公共団体の目的は住民の期待に応えることであろうが，日常の業務では手段が目的化していることが少なくない. 多くの予算を獲得し，それを消化することは，本来は手段であるが，目的化している場合

58 　第 2 章　ISO 55001 の逐条解説

もある．前述の 3.3.1（アセットマネジメント）の定義の解説で示した事例にも
表れていることであるが，住民の要望に応えることを目的とするのか，構造物
の維持管理のコスト削減を目的とするのかで，いろいろな対応が異なってくる．

　ここに示される "組織の目的" は，当然，本来の組織の目的である．まずは，
ここをしっかりと押えることが重要な場合も少なくない．一般には組織には計
画がある．地方公共団体にも各種の計画があり，企業も同様である．基本的な
計画策定の際には，本来の企業の目的が明確にされ，それを基に組織の目標が
定められ，目標を達成するために基本計画のようなものが定められると思われ
る．その際にも必ず，外部及び内部の課題を明確にしておくことは必須である．

　アセットマネジメント計画を立てる場合も，SAMP に基づいて検討され，
SAMP は組織の目標や基本計画と整合していなければならない．我が国の場
合，各種の組織では，一般には長期計画，中期計画，短期の計画のような区分
で計画が立てられることが多い．第 1 章の図 1.4 に示す "組織の計画" が長期
計画に，SAMP が維持管理中期計画のようなものに相当すると考えるとなじ
みやすいかもしれない．SAMP とアセットマネジメント計画は，これらの様々
な計画と整合していなければならないし，当然のことながら組織の目的とも整
合していなければならない．

(2) 活用のポイント

　適切なアセットマネジメントによって組織本来の目的を達成するように，ア
セットマネジメントの目標を定め，アセットマネジメント計画を策定するため
に，組織及びその状況を理解することは必要不可欠である．

ISO 55000：2014

〈参　考〉

3.1.13　組織（organization）

自らの目標（3.1.12）を達成するため，責任，権限及び相互関係を伴う独
自の機能をもつ，個人又は人々の集まり

注記 1　　組織という概念には，法人か否か，公的か私的かを問わず，自

営業者，会社，法人，事務所，企業，当局，共同経営会社，非営利団体若しくは協会，又はこれらの一部若しくは組合せが含まれる．ただし，それらに限定されるものではない．

3.1.14　組織の目標（**organizational objective**）

組織（3.1.13）の活動のための状況及び方向性を設定する横断的な目標（3.1.12）

注記1　　組織の目標は，組織の戦略的レベルの計画策定の活動を通じて確立される．

3.1.15　組織の計画（**organizational plan**）

組織の目標（3.1.14）を達成するためのプログラムを規定する文書化した情報（3.1.6）

（3）要　　点

組織は次の点を明確にする．

1. 組織の目的．
2. 外部・内部の様々な影響要素．
3. 組織の方針や種々の計画と，SAMP・アセットマネジメント計画との整合．

―――― ISO 55001：2014 ―

4.2　ステークホルダーのニーズ及び期待の理解

組織は，次の事項を決定しなければならない：

— アセットマネジメントシステムに関連するステークホルダー；

— これらのステークホルダーのアセットマネジメントに関する要求事項及び期待；

— アセットマネジメントの意思決定の基準；

— アセットマネジメントに関する財務的及び非財務的情報を記録し，内

部及び外部に報告することに対するステークホルダーの要求事項.

(1) 規定の趣旨

この規定は，ステークホルダーに関連する規定である．

まず，ステークホルダーには組織の内部と外部の人々がある．"内部"については，組織の職員・従業員はもとより，株主やコンソーシアムの関係者も含み得るし，場合によっては個人ではなくグループや組織も含み得る．"外部"については，まずは顧客，利用者があげられるが，公共施設の場合には広く納税者も該当する．その他関連する企業，コミュニティー，市民組織，政府機関，政治家などもあり得る．

次にステークホルダーのニーズ（アセットマネジメントに関する要求事項及び期待）については，インフラのアセットマネジメントでは明示されている場合の方が少ないと思われる．漠然とした要求に対して，それを満たすようなサービスレベルの決定が必要となる．SAMP の中にはそうしたサービスレベルを明示する必要があるし，それを受けたアセットマネジメント計画ではサービスレベルを満足するような，具体的な数値目標のようなものに落とし込んでいく必要がある．

なお，こうしたニーズは一定ではない．社会状況などによって，常に流動的である．このため，組織は常にニーズの変化もとらえておく必要があり，またある程度の将来予測をしておく必要もある．

アセットマネジメントの意思決定の基準を明確にすることは重要なことではあるが，実際には難しい作業である．基準の設定には，内外のステークホルダーのニーズやアセットマネジメントの基本方針との整合，リスクの評価，矛盾する要求事項に対する調整や優先順位付けなど，複雑な要素に関する考慮が必要である．理想的には定量的な基準が明示されることが望ましいが，半定量的あるいは定性的なもので示される場合もあり得る．さらには，競合する選択肢の評価方法という形で示されることもあり得る．こうした意思決定の基準を

4　組織の状況　　　61

文書化し公開することは一般には重要なことである.

　ステークホルダーはアセットマネジメントの成果を，彼らの認識で独自に判断する傾向にある．このため，そのような認識を把握することも重要である．また，彼らに影響があり得る決定については知らされる必要もある．いずれにしてもステークホルダーとのコミュニケーションは重要なことで，何をどのように報告するかを決定しておくことも必要である.

(2) 活用のポイント

　ステークホルダーのニーズ及び期待の理解というのは，組織の基本戦略の方向付けを行うために重要なことである.

ISO 55000：2014

〈参　考〉

3.1.20　要求事項（requirement）

明示されている，通常暗黙のうちに了解されている，又は義務として要求されているニーズ又は期待

注記1　　"通常暗黙のうちに了解されている"とは，対象となるニーズ又は期待が暗黙のうちに了解されていることが，組織（3.1.13）及びステークホルダー（3.1.22）にとって，慣習又は慣行であることを意味する.

注記2　　規定要求事項とは，例えば，文書化した情報（3.1.6）の中で明示されている要求事項をいう.

（中　　略）

3.1.22　ステークホルダー（stakeholder）

ある決定事項若しくは活動に影響を与え得るか，その影響を受け得るか，又はその影響を受けると認識している，個人又は組織（3.1.13）

注記1　　"ステークホルダー"は"利害関係者"とも呼称され得る.

---

(3) 要　　　点

　1. ステークホルダーを明確にする.

62　　第 2 章　ISO 55001 の逐条解説

2. ステークホルダーの要求事項を明確にし，将来予測を行う．

3. 意思決定の基準を始めとして，ステークホルダーのへの情報提供やステークホルダーとのコミュニケーションは重要である．

ISO 55001：2014

4.3　アセットマネジメントシステムの適用範囲の決定

組織は，アセットマネジメントシステムの適用範囲を確立するために，その境界及び適用可能性を決定しなければならない．適用範囲は，SAMP 及びアセットマネジメントの方針と整合していなければならない．この適用範囲を決定するときは，組織は，次の事項を考慮しなければならない：

― 4.1 で言及される外部及び内部の課題；

― 4.2 で言及される要求事項；

― 他のマネジメントシステムが使用されている場合は，それらとの相互作用．

組織は，アセットマネジメントシステムの適用範囲に含まれるアセットポートフォリオを明確にしなければならない．

アセットマネジメントシステムの適用範囲は，文書化した情報として利用可能な状態にしておかなければならない．

（1）規定の趣旨

ここは“アセットマネジメントシステム”の適用範囲ではあるが，そのためには，アセット・アセットポートフォリオ・それらの境界と相互依存性，関与する組織あるいはその機能，それらが責任を負う期間，他のマネジメントシステム（ISO 9000 シリーズや ISO 14000 シリーズなど）がある場合にはその境界や相互作用，のような事項を明確にしておく必要がある．

また，適用範囲は，当然のことながら SAMP 及びアセットマネジメントの方針と整合していなければならない．

4 組織の状況　　　63

----- ISO 55000：2014 -

〈参　考〉

3.1.18　方針（policy）

トップマネジメント（3.1.23）によって正式に表明された組織（3.1.13）の意図及び方向性

（中　　略）

3.1.23　トップマネジメント（top management）

最高位で組織（3.1.13）を指揮し，管理する個人又は人々の集まり

注記1　　トップマネジメントは，組織内で，権限を委譲し，資源を提供する力をもっている．

注記2　　マネジメントシステム（3.4.2）の適応範囲が組織の一部のみの場合，トップマネジメントは，組織内のその一部を指揮し，管理する人々に適用される．複数のアセットマネジメントシステム（3.4.3）が採用される場合，そのシステムは，活動を調整するように設計することが望ましい．

現在，我が国のインフラのアセットマネジメントでは，トップマネジメントによって示されるべきアセットマネジメントの方針が，そもそも存在しない場合も多い．このような場合には，まずは何らかの長期計画を策定することが近道かもしれない．

(2) 活用のポイント

アセットマネジメントシステムの適用範囲の決定というのは，SAMP 及びアセットマネジメントの方針決定のために重要なことである．

(3) 要　　点

1. まずはアセットの把握から．
2. 組織の状況とステークホルダーのニーズ及び期待を基に，トップマネジメントがアセットマネジメントの方針を示す．
3. そこからアセットマネジメントシステムの適用範囲を明確にする．

64 第 2 章 ISO 55001 の逐条解説

ISO 55001:2014

4.4 アセットマネジメントシステム

組織は，この国際規格の要求事項に従って，必要とされるプロセス及びそ
れらの相互作用を含むアセットマネジメントシステムを確立し，実施し，
維持し，継続的に改善しなければならない．

組織は，アセットマネジメントの目標の達成を支援する中で，アセットマ
ネジメントシステムの役割に関する文書を含む SAMP を策定しなければ
ならない．

（1）規定の趣旨

ここは言わずもがなの事項に言及している．マネジメントは PDCA サイク
ルを動かし続けることが肝要である．アセットマネジメントシステムも確立す
ることが目的ではなく，実施し，維持し，継続的に改善することが重要である．

システムの策定段階では，ISO 55001 の要求事項に対して，現状の組織が
対応できるかをチェックすることになろうが，通常，利用できる資源は限られ
ているので，最初に何を策定するかについて，優先順位をつけるようなことも
必要であり，それらを随時見直すことが重要である．また，既存の ISO 9000
シリーズなどのマネジメントシステムを有する場合には，そうした資源や機能
を有効に活用することも重要である．

こうした初期段階の方向付けの基となるのは，アセットマネジメントの方針
の確立である．これを基にすると組織は SAMP 策定の焦点が明確となる．現
在の我が国のインフラのアセットマネジメントを取り巻く状況を考えると，地
方公共団体などでは，できることから始めて，とにかく PDCA サイクルを回
していき，その中でシステムを形作っていく，というような現実的な対応が近
道であろう．そのためには，現在のアセットマネジメントのレベルの把握や，
当面のアセットマネジメントの適切なレベルの検討なども必要であろう．

（2）活用のポイント

アセットマネジメントシステムを組織の改善のために活用するという意識を

もつことが重要である.

(3) 要　点

1. まずはアセットマネジメントとアセットマネジメントシステムの現状把握から.

2. できるところからシステムを作り，回しながら改善していく.

5　リーダーシップ

　各アセットに熟練した個々の人員が，リスクアセスメントと維持管理計画を緻密に実施したとしても，トップマネジメントの理解や必要な予算と人員が確保されなければ，アセットの運営を維持することはできない.　現時点では先進的なアセットマネジメントの運営でも，時間の経過とともに要員・予算ともに不十分になり，運営が行き詰まる可能性もある.

　このため，ISO 55001を始めとするマネジメントシステム規格は，トップマネジメントのリーダーシップを重視している.　ISO 55001では，5.1の次の二つの項目に，トップマネジメントのリーダーシップの重視が特に反映されている.

―アセットマネジメントシステムの要求事項を組織の業務プロセスに組み入れることを確実にすること；

―アセットマネジメントにおけるリスクを管理するアプローチが，組織のリスクを管理するアプローチと整合していることを確実にすること.

　一つ目の項目は，組織の業務プロセスから切り離された形でマネジメントシステムが運営されている傾向にある現状への反省であり，トップマネジメントの強いリーダーシップが期待されている.　また，二つ目の項目は，組織全体のリスクマネジメントの一環として“アセットマネジメントのリスクマネジメント”を行うことを意味している.　したがって，アセットマネジメントのリスクマネジメントが組織全体のリスクマネジメントから切り離されずに，組織全体のリスクマネジメントの枠組みの中で行われることを，トップマネジメントが保証することが要求されているのである.　なお，内部統制の分野でも組織全体

のリスクマネジメント（エンタープライズ・リスクマネジメント）はトップマネジメントの重要な役割であり責任であるとされている[4].

ISO 55001 の要求事項をトップマネジメントのリーダーシップにより一つひとつ達成することにより，組織の特性に応じたバランスのよいアセットマネジメントを実現することができる．それに加えて，アセットマネジメントを継続的に改善していくことができる．

以下，5.1 に限り，説明の便宜上，実際の規格には記載のない A ～ J の番号を付した上で解説を行う．

ISO 55001:2014

5.1 リーダーシップ及びコミットメント

トップマネジメントは，次の事項によって，アセットマネジメントシステムに関するリーダーシップ及びコミットメントを示さなければならない：

A ― アセットマネジメントの方針，SAMP 及びアセットマネジメントの目標を確立し，それらが組織の目標と矛盾しないことを確実にすること；

B ― アセットマネジメントシステムの要求事項を組織の業務プロセスに組み入れることを確実にすること；

C ― アセットマネジメントシステムのための資源が利用可能であることを確実にすること；

D ― 効果的なアセットマネジメントの重要性及びアセットマネジメントシステムの要求事項へ適合することの重要性を伝えること；

E ― アセットマネジメントシステムがその意図した成果を達成することを確実にすること；

F ― アセットマネジメントシステムの有効性に貢献するよう人々を指揮し，支援すること；

G	― 組織の中での機能横断的な協力を促進すること;
H	― 継続的改善を促進すること;
I	― トップマネジメント以外の関連する管理層がその責任の領域においてリーダーシップを示すよう,管理層の役割を支援すること;
J	― アセットマネジメントにおけるリスクを管理するアプローチが,組織のリスクを管理するアプローチと整合していることを確実にすること.

注記　この国際規格において"業務"という場合,それは,組織の存在目的にとって核となる活動という広義の意味で解釈されることができる.

(1) 規定の趣旨

トップマネジメントは,自らが責任をもつアセットマネジメントシステムに関する活動の全てについて方針を決め,リーダーシップ及びコミットメントを示すことが必要である.この"示す"の原文は"demonstrate",すなわち"実証する"であり,リーダーシップとコミットメントについて,トップマネジメントの行動として示す必要がある.

このためには,自らの役割としてリーダーシップを発揮する事項について,組織内のメンバーにわかりやすく,目に見える形でコミットメント(意思表明)を行うことが重要である.具体的には,トップマネジメントは,アセットマネジメントの方針,SAMP の目的,意図した成果の達成,組織内の横断的な協力の促進などについてコミットメントを行い,そのコミットメントに対しリーダーシップを発揮して,実現しなければならない.

5.1 では,トップマネジメントがどのような事項によって,そのリーダーシップとコミットメントを実証しなければならないかについて定めている.そ

の要求事項を分類すると，①成果の獲得，②整合性と統合，③環境整備，の三つの分野での実証が求められている．

① 成果の獲得

アセットマネジメントシステムを使って，アセットマネジメントの成果（アウトカム）を確実に，継続的に獲得する重要性を示している．トップマネジメントには，この要求事項に沿ったアセットマネジメントの取組み姿勢を示すことが要求されている．

- アセットマネジメントシステムの運用と改善活動によって，組織のアセットマネジメントの成果を獲得する（5.1 E）．
- アセットマネジメントシステムの継続的改善プロセスによって，組織のアセットマネジメントの成果の獲得を確実に行う（5.1 H）．

② 整合性と統合

- 施政方針，事業方針などの組織目標に沿うように，アセットマネジメントの方針，SAMP，アセットマネジメントの目標の内容を整合させる（5.1 A）．
- アセットマネジメントシステムを，組織のマネジメントの仕組みと切り離さず，組織の業務プロセス全体（方針設定から運用まで）の中に組み込む（5.1 B[*6]）．
- 組織全体のリスクマネジメントの中に，アセットマネジメントのリスクマネジメントを位置付ける（5.1 J）．

③ 環境整備

- アセットマネジメントに必要な資源（人，物，金など）を確保する．この中にはアセットマネジメントシステムに必要なITシステムの整

[*6] 5.1 B の内容は，ISO のマネジメントシステムに対し，"企業活動から遊離して，事業そのものに役立っていない"などの不満の声があることへの対応策として，"統合版ISO 補足指針 附属書 SL"で盛り込むことが要請された要求事項である．なお今後，ISO 9001 や ISO 14001 など，他のマネジメントシステム規格の改正においても，この要求事項が盛り込まれる予定である．

備も含まれる（5.1 C）.

・各分野のアセットマネジメントの管理者に，責任と権限の割当てを行い，彼らの役割を支援する（5.1 F 及び I）.

・以下の重要性の認識を組織メンバーと担当部門に徹底させる.

　…アセットマネジメントシステムが形骸化せず，有効に機能すること（5.1 F）.

　…ISO 55001 要求事項への適合（5.1 D）.

　…組織メンバーがアセットマネジメントシステムの有効性に貢献できるよう，指示し，支援すること（5.1 F）.

　…アセットマネジメントシステムに関する部門間協力体制を構築すること. また，その体制をマネジメントレビューでフォローアップするなど，組織内・部門間の横断的な協力がスムーズに進むように働きかけること（5.1 G）.

(2) 活用のポイント

① 成果の獲得

・トップマネジメントは成果の獲得のための目標を責任者ごとに設定し，適切な資源を配置することにより，成果の獲得を支援し，実現させる.

・トップマネジメントは上記活動を継続的改善プロセスとして実施する必要がある.

② 整合性と統合

・トップマネジメントは成果の獲得のための目標を組織目標，アセットマネジメント方針の内容に整合させる.

・成果の獲得のための目標は，組織の事業プロセスに沿って設定し，本規格の 9.1（モニタリング，測定，分析及び評価）のプロセスで達成度を評価して，継続的改善につなげる.

・リスクマネジメントは，単に老朽化だけではなく，需要変動などの事業環境の評価も含めて，組織全体のリスクマネジメントの一貫性を図る. また，コンプライアンスリスクへの対応として内部統制を徹底する.

③ 環境整備

- ・トップマネジメントは，アセットマネジメントシステムの実現のために権限を委譲し，適切な体制を整備し，必要な資源（人，物，金など）を配置する．ただし，アセットマネジメントシステムに対する最終責任はあくまでトップマネジメントにあることを認識する必要がある．
- ・トップマネジメントはアセットマネジメントシステムの重要性を組織メンバー一人ひとりにまで認識させるため，全組織レベルでのコミュニケーション活動を行う．また，このコミュニケーション活動によって部門横断的な協力体制を構築する．

(3) 要　　　点

トップマネジメントは，次の事項でリーダーシップ及びコミットメントを実証する．

1. アセットマネジメントシステムの成果（アウトカム）を獲得する．
2. アセットマネジメントシステムを組織の業務プロセスとリスクマネジメントに組み込む．
3. アセットマネジメントシステムへの環境整備（人，物，金など）を行う．

ISO 55001:2014

5.2 方　　　針

トップマネジメントは，次の事項を満たすアセットマネジメントの方針を確立しなければならない：

a) 組織の目的に対して適切であること；

b) アセットマネジメントの目標を設定するための枠組みを提供すること；

c) 適用可能な要求事項を満たすことへのコミットメントを含むこと；

d) アセットマネジメントシステムの継続的改善へのコミットメントを含むこと．

アセットマネジメントの方針は，次の事項を満たさなければならない：

— 組織の計画と一貫したものであること；

— 他の関連する組織の方針と一貫したものであること；

— 組織のアセット及び運用の性質及び規模に対して適切であること；

— 文書化した情報として利用可能であること；

— 組織内に伝達すること；

— 適切に，ステークホルダーが入手可能であること；

— 実施され，定期的にレビューされ，必要があれば，更新されること．

（1）規定の趣旨

アセットマネジメントシステムを導入する上で必要となるアセットマネジメントに関係する決定，活動及び行為に対する組織のコミットメント及び期待を，トップマネジメントの名のもとにアセットマネジメント方針として定義する．

（2）活用のポイント

① 方針内容の適切性

・アセットマネジメント方針の内容は，経営方針などの組織の全体的な方針と計画に整合している必要がある．例えば，地方公共団体が"財政支出削減"，"行政人員の削減"などの方針を掲げている中で，"インフラ予算の拡大"や"人員拡充"などの方針を立てることは，各種方針と計画が整合していないと考えられる．

・方針は，トップマネジメントの意志を組織の各階層の一人ひとりに徹底することが目的であるため，短い文章にすることが望ましい．

・要求事項では適切性など様々な内容があるが，その全てを十分に網羅した文章を作成することはできないことから，方針は簡潔な内容にとどめ，要求事項への具体的な対応は他の資料で対応することが一般的である．

・アセットマネジメント方針は，組織が運用するアセットの特性と規模に対して適切なものである必要がある．例えば，"下水管路内調査を

年間 100 km 実施する"という方針を設定しても，その調査には相応の時間と相当の費用・労力が必要となる．このため，資金が潤沢で，職員が豊富な都市であれば適切かもしれないが，同じ方針でも，財政状況が厳しく，職員も限られた都市の場合には不適切となる可能性がある．

② **方針作成に際してのトップマネジメントの役割**

・アセットマネジメントシステムの導入に当たり，誰をトップマネジメントとするのかを決定する．

・方針はトップマネジメントの意志の表明であるため，方針内容についてはトップマネジメントが最終責任をもつ．このため，方針の立案はアセットマネジメントの担当部門に任せたとしても，内容に対してはトップマネジメント自らが確認する必要がある．

③ **方針の管理**

・方針は文書化して組織内に徹底できるコミュニケーションツールとして活用する．例えば，下水道管路の保守点検に携わっている職員が，自分たちの業務が，"道路陥没事故を削減する"というアセットマネジメント施策の一端を担っており，最終的には，地方公共団体の"住民の安全で快適な暮らしを担保する"という方針の達成に寄与していることを認識できるようにする．

・このために，方針を組織の内外に伝えるための具体化計画と管理された運用が必要になる．

・方針は長期間同じ内容である必要はなく，逆に，状況の変化に対して適切な内容に見直していく必要がある．このため，定期的な内容の見直しを行う．

(3) 要　　点

1. アセットマネジメント方針は組織全体の計画に沿っており，組織が運用するアセットの特性と規模に対して適切なことが必要である．

2. アセットマネジメント方針はトップマネジメントの意志の表明である

5　リーダーシップ　　　　73

ため，その内容についてはトップマネジメントが最終責任をもつ．

3. アセットマネジメント方針は組織内に徹底し，必要な場合はステークホルダーが閲覧できるようにする．またその内容は状況に応じて見直す．

ISO 55001:2014

5.3　組織の役割，責任，及び権限

トップマネジメントは，組織内において，関連する役割に対する責任及び権限を割り当て，伝達することを確実にしなければならない．

トップマネジメントは，次の事項に対して，責任及び権限を割り当てなければならない：

a)　アセットマネジメントの目標を含む SAMP を確立し，更新すること；

b)　アセットマネジメントシステムが，SAMP の実施を支援することを確実にすること；

c)　アセットマネジメントシステムが，この国際規格の要求事項に適合することを確実にすること；

d)　アセットマネジメントシステムの適切性，妥当性及び有効性を確実にすること；

e)　アセットマネジメント計画を確立し，更新すること（6.2.2 参照）；

f)　アセットマネジメントシステムのパフォーマンスを，トップマネジメントに報告すること．

（1）規定の趣旨

トップマネジメントは，組織内でアセットマネジメントを行う責任者を決め，それを組織内に伝達し，共有しなければならない．

　① トップマネジメントの役割

　　・トップマネジメントは a) から f) に関する責任及び権限を，漏れなく組織内の管理者に割り当てる必要がある．

　　・アセットマネジメントにかかわる各分野の責任者を決めるほか，ア

セットマネジメントシステムの管理についてもトップマネジメントの代理者を決める場合が多い．この代理者の呼称についての要求事項はないが，既存のマネジメントシステム（ISO 9001 など）の運用では，"マネジメントシステム管理責任者"などと呼称することが多い．
・決定した内容を組織内に伝達し，本人を含めた関係者が認識できるようにする．

② 責任と権限を割り当てる対象業務

特に 5.3 c) と f) は，マネジメントシステム規格の共通化（統合版 ISO 補足指針　附属書 SL）の共通要求事項であり，トップの代理としてのアセットマネジメントシステム管理責任者に必須の役割である．

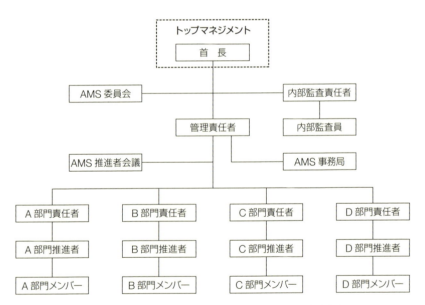

図 2.1　アセットマネジメントシステムの推進体制例
　　　（AMS：アセットマネジメントシステム）

5　リーダーシップ　　　75

　また，ISO 55001 は固有の要求として，5.3 a），b），d），e）の割当てを要求している．これらはアセットマネジメントシステム管理責任者が統括責任者として全体をまとめる必要があるが，アセットマネジメント計画部門の責任者に責任及び権限を割り当てるなど，実行部門の責任者に責任及び権限を委譲してもよい．

(2) 活用のポイント

　アセットマネジメントシステムの適用対象である組織において，トップマネジメントはアセットマネジメントとアセットマネジメントシステムに関する役割と責任の割当てを行う．その際，例えばアセットマネジメントシステム委員会などの新たな機関を設置する場合もある（**図 2.1**，**表 2.1**）．

表 2.1　アセットマネジメントシステム推進体制の役割と責任・権限（例）

役　割	責　任	権　限
トップマネジメント（首長）	アセットマネジメントシステムに関するリーダーシップ及び確約事項（コミットメント）を実証する．	左記責任に対する全権限を有する．
アセットマネジメントシステム委員会	首長を委員長として，アセットマネジメントシステムの各種方針，計画を審議，調整する．	委員会決定事項についての対応状況を監視し，必要ならば是正処置を要求する．
アセットマネジメントシステム管理責任者	アセットマネジメント目標を含む SAMP を確立し更新する．アセットマネジメントシステムが SAMP の展開を支援することを確実にする．アセットマネジメントシステムが，この規格の要求事項に適合することを確実にする．アセットマネジメントシステムの適切性，妥当性，有効性を確実にする．アセットマネジメント計画を確立し更新する．アセットマネジメントシステムのパフォーマンスをトップマネジメントに報告する．	各部門の責任者，推進委員にアセットマネジメントシステムの活動に関して，指示を行い，その結果の報告を受ける．

（3）要　点

1. トップマネジメントは，アセットマネジメントにかかわる代理者（アセットマネジメントシステム管理責任者など）と各分野の責任者を決める．

2. その役割，ミッションを組織内に伝達し，本人を含めた関係者が認識できるようにする．

3. トップマネジメントの代理者に不可欠な責任及び権限は，アセットマネジメントシステムが本規格の要求事項に適合することを確実にすること［5.3 c)］，トップマネジメントにアセットマネジメントシステムの実施状況を報告すること［5.3 f)］である．また，トップマネジメントの代理者はこの責任及び権限を果たすために必要な事項について，実行部門の管理者に責任と権限を委譲できる．

6　計　　画

組織は，リスク及び機会に適切に取り組むとともに，アセットマネジメントの目標を確立し，その目標を達成するためにアセットマネジメント計画を策定しなければならない．アセットマネジメントの目標には，組織の目標やアセットマネジメントの方針と一貫していることに加えて，戦略的アセットマネジメント計画（SAMP）の一部として確立されること，モニタリングされること，ステークホルダーに伝達されること，適切に更新されること等が求められる．また，アセットマネジメント計画の策定に当たって，組織は実施事項，必要とされる資源，責任者，達成期限，結果の評価方法等を決定し，文書化しなければならない．

───── ISO 55001:2014 ─┐

6.1　アセットマネジメントシステムのためにリスク及び機会に取り組む行動

アセットマネジメントシステムの計画を策定するときは，組織は，4.1 で

6 計 画

言及される課題及び4.2で言及される要求事項を考慮し，次の事項のために取り組む必要があるリスク及び機会を決定しなければならない：

— アセットマネジメントシステムが，その意図した成果を達成できることを確実にすること；

— 望ましくない影響を予防し，又は低減すること；

— 継続的改善を達成すること．

組織は，次の事項を計画しなければならない：

a) これらのリスク及び機会に取り組む行動．その際，これらのリスク及び機会が時間とともにどのように変化し得るかを考慮すること；

b) 次の事項を行う方法：

— その行動の，アセットマネジメントシステムプロセスへの統合及び実施；

— それらの行動の有効性の評価．

（1）規定の趣旨

組織がアセットマネジメントシステムの計画を策定するときに，リスク及び機会に取り組むための行動について規定したものである．

（2）活用のポイント

組織は，アセットマネジメントシステムの計画を策定するときは，リスクに取り組むために必要な行動を決定することが望ましい．本規格では，リスクとは機会という意味も含むものとされている．ここで，"リスク"とは，目標に対する不確かさの影響と定義され，"影響"とは，期待されていることから好ましい方向又は好ましくない方向にかい離することとされている．また，"機会"とは，好ましい方向にかい離する場合に相当する．なお，上述したように，機会はリスクに含まれる概念であるが，本規格では"リスク及び機会"という表現も使用されているため，注意が必要である．

リスクに取り組む行動の包括的な目的は，好ましくない事象が発生する原因，

影響及び起こりやすさを理解し，そのようなリスクを受容可能なレベルにまで管理し，リスクのマネジメントのための監査証跡を提供することである．その意図は，組織にとって，アセットマネジメントシステムがその目標を達成し，望ましくない影響を予防又は低減し，機会を特定し，継続的改善を達成することを確実にすることにある．

　アセットマネジメントシステムにおいてリスクに取り組むときは，"リスク評価基準"を決定することが望ましい．ここで，**図 2.2** に例示するような，リスクの起こりやすさ（発生確率）とその影響の大きさとの関係を表す"リスクマトリックス"をリスク評価基準として使用することができる．リスクマトリックスを用いることにより，リスクを定量的に評価し，例えば，リスクを低減する，許容する，又は，移転させるといった対応方法を決定するとともに，どの事象から対応するといった優先順位を検討することが可能になる．

　アセットマネジメントシステムに関連するリスクを管理するアプローチは，組織のリスクマネジメントのアプローチと整合していることが望ましく，事業継続計画及び危機管理計画を含んでもよい．さらに，組織は，そのアセットマネジメントシステムのリスクに取り組むために，行動を決定及び計画し，妥当な資源を提供することが望ましい．

　また，組織は，リスクに取り組むための特定された行動をアセットマネジメントシステムの実施計画に統合し，その行動の有効性をどのように評価したのかを実証できるようにすることが望ましい．

(3) 要　　点

1. 組織がアセットマネジメントシステムの計画を策定するときは，組織の目的に関連し，そのアセットマネジメントシステムの意図した成果を達成する組織の能力に影響を与える外部及び内部の課題を決定するとともに (4.1)，ステークホルダーのアセットマネジメントに関するニーズ及び期待を理解しなければならない (4.2)．

2. 組織は，アセットマネジメントシステムが，その意図した成果を達成できることを確実にするために，取り組む必要があるリスク及び機会

6　計　　画　　　79

を決定しなければならない.

カテゴリ		影響の大きさ			
		小 ⇔ 大			
		4	3	2	1
発生確率 大⇕小	A	4A	3A	2A	1A
	B	4B	3B	2B	1B
	C	4C	3C	2C	1C
	D	4D	3D	2D	1D

リスク大
要対策ゾーン
対策が望ましいゾーン
リスク小

図 2.2　リスクマトリックスの例 [1]

| コラム | ISO MSS におけるリスク及び機会(risk and opportunity)とは |

　"リスク(risk)"というと,どのようなイメージをもたれるであろうか.辞書を引くと,まず出てくる意味は"危険"であり,マイナスのイメージをもっている人が大半であろう.しかし,ISOマネジメントシステム規格(以下,ISO MSSという)における"リスク"は,そのような意味で用いられていない.ISO MSSで共通して使用される用語及び定義の中では,次のように定義されている.

　　リスク(risk)　不確かさの影響.
　　注記1　影響とは,期待されていることから,好ましい方向又は好ましくない方向にかい(乖)離することをいう.
　　(注記2～4は省略)

　リスクとは,"不確かさ"が与える影響であり,つまりは"よく分からない不確実なもの"がどのような影響を与えるものなのか,と理解いただいて間違いではない.組織の経営環境の変化が著しい現在において,組織はあらゆる未来への想定をして事業を行わなければならない.そうしたときに,不確かさが与える影響についても考慮して,事業経営を行う必要がある.
　上記の"注記1"に着目したい."影響とは,期待されていることから,好ましい方向又は好ましくない方向に乖離すること"とあり,つまりは,不確かな状

況をマネジメントしていくことで，それが良い方向又は悪い方向の影響を与える可能性があるとしている．この点こそ，ISO MSS におけるリスクが，辞書の意味合いと大きく異なる点であろう．なお，ISO 55001 はリスクのこの定義を踏襲しており，かつ，"統合版 ISO 補足指針　附属書 SL" の共通テキストにある "リスク及び機会" という表現も用いている．

　さて，リスクについては言及したが，"機会 (opportunity)" とはどのような意味で使われているのか，これは非常に大きな論議をよんでいる．というのも，そもそも ISO MSS が対象とする分野によっては，リスクを辞書的な意味（マイナスイメージだけ）でとらえようとする分野と，不確かな状況をマネジメントしていくにあたり，それが良い結果も生む可能性をもった意味（プラスとマイナスのイメージ）でとらえようとする分野の両方が混在しているからである．
　共通テキストは，すべての分野に共通して使用できるテキストであるため，リスクの定義が ISO MSS において固まったとはいえ，ある分野のユーザーはリスクを辞書的な意味（マイナスイメージだけ）でとらえてしまうという意見が多数提出された．ただし，マネジメントすることで良い結果を生む可能性があるという趣旨は規格においても残すことになっていたため，妥協策として "リスク及び機会" という一見矛盾するような表現で決着がついたのである（この場合，リスクは否定的なイメージ，機会は肯定的なイメージと考えてよい）．
　なお，環境マネジメントの ISO 14001 は本書の発刊時現在，改正作業中であるが，この規格では，Risk and opportunity ではなく，"Risk associated with threats and opportunities" という表現を使っている（DIS 段階）．
　また，ISO/DIS 9001：2014 では，独自に次のような注記をつけている．

　　"リスク" という用語は，好ましくない結果が得られる可能性がある場合にだけ使われることがある．

　この注記をつけた背景としては，ISO 9001 において，リスクと機会を同じものとして扱ってはならない，という認識があることがあげられる．一方，アセットマネジメントシステム規格では，ISO 55002 の 6.1 にも記載されているとおり，"リスク" という語は機会をも含み得る，ということである．
　上記の共通テキストを作成していく中で，"リスク及び機会" に関する概念の共通度は必ずしも高くないとの認識が強まり，分野固有にリスクの意味合いを規定してよいことになっている．このような結果，前述のように ISO MSS の分野によって概念が異なっているのである．

6　計　　画　　　　　81

── **ISO 55001：2014** ──

6.2　アセットマネジメントの目標及びそれを達成するための計画策定

6.2.1　アセットマネジメントの目標

組織は，関連する部門及び階層において，アセットマネジメントの目標を確立しなければならない．

アセットマネジメントの目標を確立するときは，組織は，アセットマネジメントの計画策定のプロセスにおいて，関連するステークホルダーの要求事項，並びに他の財務，技術，法令，規制，及び組織の要求事項を考慮しなければならない．

アセットマネジメントの目標は，次の事項を満たさなければならない：

── 組織の目標と一貫し，整合していること；

── アセットマネジメントの方針と一貫していること；

── アセットマネジメントの意思決定基準（4.2 参照）を用いて確立され，更新されていること；

── SAMP の一部として確立され，更新されていること；

── （実行可能な場合）測定可能であること；

── 適用可能な要求事項を考慮に入れること；

── モニタリングすること；

── 関連するステークホルダーに伝達すること；

── 適切にレビューし，更新すること．

組織は，アセットマネジメントの目標に関する文書化した情報を保持しなければならない．

6.2.2　アセットマネジメントの目標を達成するための計画策定

組織は，アセットマネジメントの目標を達成するための計画策定と，財務，人的資源，その他支援機能を含む，組織の他の計画策定の活動とを統合しなければならない．

組織は，アセットマネジメントの目標を達成するために，アセットマネジメント計画を確立し，文書化し，維持しなければならない．これらのアセッ

トマネジメント計画は，アセットマネジメントの方針，及びSAMPと整合していなければならない．

組織は，アセットマネジメント計画が，アセットマネジメントシステムの範囲外からの関連する要求事項を考慮していることを確実にしなければならない．

組織は，どのようにアセットマネジメントの目標を達成するかについて計画するときは，次の事項を決定し，文書化しなければならない：

a) アセットマネジメント計画，及びアセットマネジメントの目標を達成するための意思決定，並びに活動，及び資源の優先順位付けのための方法及び基準；

b) アセットのライフサイクルに渡って，そのアセットを管理するために採用されるプロセス及び方法；

c) 実施事項；

d) 必要とされる資源；

e) 責任者；

f) 達成期限；

g) 結果の評価方法；

h) アセットマネジメント計画の適切な時間軸；

i) アセットマネジメント計画の財務的及び非財務的な意味；

j) アセットマネジメント計画のレビュー周期（9.1参照）；

k) 次の事項のためのプロセスを確立することによる，アセットを管理することに伴うリスク及び機会に取り組む行動．その際，これらのリスク及び機会が時間とともにどのように変化し得るかを考慮しなければならない：

— リスク及び機会の特定；

— リスク及び機会のアセスメント；

— アセットマネジメントの目標を達成することにおけるアセットの重要

性の決定；

― リスク及び機会についての適切な対応，及びモニタリングの実施．

組織は，アセットマネジメントに関連するリスクが，危機管理計画を含む，組織のリスクマネジメントのアプローチにおいて考慮されることを確実にしなければならない．

注記 リスクマネジメントに関する更なる指針は，ISO 31000 を参照すること．

（1）規定の趣旨

アセットマネジメントの目標及びアセットマネジメントの目標を達成するための計画策定について規定したものである．6.2.1 では，アセットマネジメントの目標を確立することを求め，そのとき目標が満たさなければならない事項が規定されている．6.2.2 では，アセットマネジメントの目標を達成するための計画を策定することを求め，その際に文書化しなければならない事項が規定されている．

（2）活用のポイント

組織は，関連する部門及び階層において，アセットマネジメントの目標を確立しなければならない．組織のアセットマネジメントの活動は，一般に，部門又は階層ごとに実施されるため，組織としての上位目標を満足するように，各部門又は階層においてそれぞれのアセットマネジメントの目標を確立する必要がある．また，このような部門又は階層ごとの目標のフレームワークは，運用レベルまでブレークダウンされると，多数の活動プロセスとそのプロセスに関する基準から構成されるフレームワークとして表されることになる（本書 8.1 参照）．

アセットマネジメントの目標は，それぞれの組織のニーズに合うように作成されることが望ましく，また，具体的，測定可能，達成可能，現実的及び時間制限的であることが望ましい．アセットマネジメントの目標は，定量的に測定

されるもの（例えば，不具合の平均発生時間）及び定性的に測定されるもの（例えば，顧客満足）のいずれでもあり得る．これは，アセットが有形・無形のもの，金銭的・非金銭的なものであり得るというアセットの定義の広さに起因するものである．

アセットマネジメントの目標を策定する間に，組織は次の事項を行うことが望ましい．

① アセット又はアセットマネジメントの活動の不具合の潜在的影響を含めて，リスクをレビューすること

② 組織の意図した成果，目標及び製品又はサービスの要求事項と関連するアセットの重要性をレビューすること

③ アセットマネジメントの計画策定のプロセスにおいて，アセットマネジメントの目標の適用可能性を確認すること

本規格ではアセットマネジメント計画の様式は定められていないが，重要なことは，組織やそのアセットマネジメントの洗練の度合いに応じて，アセットマネジメント計画を適切に文書化することである．なお，一般に，アセットマネジメント計画に含まれることが多い項目としては，アセットマネジメントの活動，運用及び維持計画，資本投資（オーバーホール，更新，交換及び増強）計画，並びに財務及び資源計画に関する理論的根拠があげられる．

アセットマネジメント計画は，組織の規模，保有するアセットや業務の特徴に応じて，単一の計画としてもよいし，また，複数の計画としてもよい．例えば，規模の小さな地方公共団体は保有する全てのアセットについて一つのアセットマネジメント計画を策定してもよい．一方，駅，軌道，その他，多くの土木・建築・電気施設等のアセットを保有する鉄道事業者は分類されたアセットごとに複数のアセットマネジメント計画を策定してもよい．

また，アセットマネジメント計画を策定又はレビューするときは，組織は次の事項を考慮することが望ましい．

① アセットマネジメント計画の策定，実施及び継続的改善の責任者

② アセットマネジメント計画の読者

7 支　援

③ アセットが運用される環境及びアセットにおいて実行される活動

④ アセットマネジメントの活動プログラムの要求事項

⑤ アセットのパフォーマンス及び意図される成果

⑥ 資源及び資金の利用可能性

⑦ 適用可能な規格

（3）要　　点

1. 組織はアセットマネジメントの目標を確立しなければならない．組織は，アセットマネジメントの目標に関する文書化した情報を保持しなければならない．

2. 組織は，アセットマネジメントの目標を達成するために，アセットマネジメント計画を確立し，文書化し，維持しなければならない．アセットマネジメント計画は，アセットマネジメントの方針及び戦略的アセットマネジメント計画と整合していなければならない．

7 支　　援

　組織は，アセットマネジメントシステムのために必要な資源を決定し，提供しなければならない．アセットマネジメントシステムに必要とされる資源と利用可能な資源との間にギャップがある場合には，ギャップ分析を行う必要がある．

　組織は，教育や訓練に基づいて，アセットマネジメントの業務に従事する人々に必要とされる力量を有していることを確実にするとともに，力量に関する文書化した情報を保持しなければならない．一方，組織内でアセットマネジメントに関係する人々は，アセットマネジメントの方針や自らの貢献について認識をもたなければならない．また，組織は，アセットマネジメントの活動に関して，ステークホルダーを含む組織の内外の関係者とコミュニケーションをとる必要がある．

　組織は，アセット，アセットマネジメント，アセットマネジメントシステム

及び組織の目標の達成のために，情報に関する要求事項を決定するとともに，情報を管理しなければならない．また，組織のアセットマネジメントシステムには，本規格によって必要とされる文書化した情報を始め，種々の文書化した情報を含めなければならない．

ISO 55001：2014

7.1 資源

組織は，アセットマネジメントシステムの確立，実施，維持及び継続的改善に必要な資源を決定し，提供しなければならない．

組織は，アセットマネジメントの目標を達成し，アセットマネジメント計画に規定された活動を実施するために必要とされる資源を提供しなければならない．

---

(1) 規定の趣旨

アセットマネジメントシステムの確立，実施，維持及び継続的改善，並びにアセットマネジメント計画に規定された活動を実施するために必要とされる資源について規定したものである．

(2) 活用のポイント

アセットマネジメントシステムの確立，実施，維持及び継続的改善には，当然のことながら，資源が必要とされる．同様に，アセットマネジメント計画に規定された活動を実施するためにも資源が必要とされる．組織は，これらに必要とされる資源を提供しなければならない．ただし，必要とされる資源と利用可能な資源との間にギャップがある場合には，ギャップ分析を行う必要がある．このギャップ分析により，プロジェクトの優先順位付け及びプロジェクトのプログラム計画策定が必要となる場合がある．

組織は，組織内外の資源の利用を考慮することが望ましい．例えば，人的資源に関しては，組織内部の人的資源に加えて，委託契約，アウトソーシング等の利用が考えられる．また，非人的資源に関しては，調達の選択肢（例えば，

リース，借用，購入又は他の取得）について考慮することが望ましい．

(3) 要　　点

1. 組織は，アセットマネジメントシステムのために必要な資源を決定し，提供しなければならない．
2. 組織は，アセットマネジメント計画に規定された活動を実施するために必要とされる資源を提供しなければならない．

―――――――――――――――――――――――――――――― **ISO 55001：2014** ―

7.2　力量

組織は，次の事項を行わなければならない：

― 組織のアセット，アセットマネジメント及びアセットマネジメントシステムのパフォーマンスに影響を与える業務をその管理下で行う人（又は人々）に必要な力量を決定すること；

― 適切な教育，訓練又は経験に基づいて，それらの人々が力量を有していることを確実にすること；

― 適用可能な場合には，必要な力量を身につけるための行動を取り，取った行動の有効性を評価すること；

― 力量の証拠として，適切な文書化した情報を保持すること；

― 現在及び将来の力量の必要性及び要求事項を定期的にレビューすること．

注記　　適用可能な行動には，例えば，現在雇用している人々に対する，訓練の提供，メンタリング，若しくは配置転換，又は，力量のある人々の雇用，若しくはそのような人々との契約締結を含めることができる．

(1) 規定の趣旨

アセットマネジメントの業務に従事する人々に必要とされる力量の決定，力量の具備，力量の証拠となる文書化した情報の保持，並びに力量の必要性及び要求事項の定期的なレビューについて規定したものである．

88　　　　　第2章　ISO 55001 の逐条解説

(2) 活用のポイント

アセットマネジメントの業務に従事する人々には，そのための力量が必要とされるが，組織は，まず，どのような力量が必要とされるかを決定し，次に，教育や訓練によりそれらの人々が力量を備えていることを確実にする必要がある．組織は，ギャップ分析により，必要とされる力量に対する現在の力量とのギャップを決定することが望ましい．ギャップ分析並びにそれに起因する力量改善及び訓練計画には，例えば，アセットマネジメントの業務に従事する人々の力量の評価，人材開発プログラムの作成，訓練及びメンタリングの提供，知識共有及び職務分担等が含まれる．

また，組織は次の事項を行うことが望ましい．

① アセット及びアセットマネジメントのパフォーマンスに影響を及ぼすアセットマネジメントの業務に従事する人々の力量を管理するために，適切かつ効果的なプロセスを確立すること

② これらのプロセスを，既存の人的資源マネジメント及び力量の改善プロセスに関係付けることを考慮すること

③ アセットマネジメントの力量改善及び訓練計画を，定期的にレビューし，更新するプロセスを確立すること

組織はアセットマネジメントのプロセス及び活動をアウトソースすることも可能であり，その場合にはアウトソースした先が 7.2 の力量に関する要求事項を確実に満たすようにすることが求められる（8.3 参照）．また，組織は，活動の重要性に応じて，力量の要求を明らかにし，第三者の資源提供者が力量の資源の提供を継続することを確実にするためのプロセスを有することが望ましい．

(3) 要　　点

1. 組織は，アセットマネジメントの業務に従事する人々に必要とされる力量を決定するとともに，教育や訓練によりそれらの人々が力量を備えていることを確実にしなければならない．

7 支 援　　　　　　89

2. 組織は，力量の証拠として文書化した情報を保持するとともに，現在
及び将来の力量の必要性及び要求事項を定期的にレビューしなければ
ならない.

――――――――――――――――――――――――――― ISO 55001：2014 ―

7.3　認識

組織の管理下で働き，アセットマネジメントの目標の達成に影響を与え得
る人々は，次の事項に関して認識をもたなければならない：

― アセットマネジメントの方針；

― アセットマネジメントのパフォーマンスの改善によって得られる便
益を含む，アセットマネジメントシステムの有効性に対する自らの貢
献；

― 業務活動，それに伴うリスク及び機会，並びにそれらが互いにどのよ
うに関連するか；

― アセットマネジメントシステムの要求事項に適合しないことの意味.

(1) 規定の趣旨

組織の管理下で働き，アセットマネジメントの目標の達成に影響を与え得る
人々がもたなければならない認識について規定したものである.

(2) 活用のポイント

組織のスタッフ，契約者，内部又は外部のサービス提供者，サプライヤー等
を含む組織の管理下で働き，アセットマネジメントの目標の達成に影響を与え
得る人々は，7.3 に示すように，アセットマネジメントの方針を始め，種々の
認識をもたなければならない. また，認識のレベルは，例えば，次のような事
項によって改善され得る.

① 組織全体を通じたスタッフとの協議のプロセス

② 組織のニュースレター，簡単な報告，紹介プログラム又は雑誌におけ
るアセットマネジメントの議論

90　　第2章　ISO 55001 の逐条解説

③ 関連するウェブページ上のアセットマネジメントの記事を含むこと

④ スタッフ及びマネジメントチームの会議における話題としてアセットマネジメントを含むこと

⑤ トップマネジメントへの簡単な報告

⑥ 重要なサプライヤー及び配給業者への簡単な報告

(3) 要　　点

1. 組織の管理下で働き，アセットマネジメントの目標の達成に影響を与え得る人々はアセットマネジメントの方針を始め，組織のアセットマネジメントシステム及び活動のために必要とされる認識をもたなければならない．

ISO 55001：2014

7.4　コミュニケーション

組織は，次の事項を含め，アセット，アセットマネジメント及びアセットマネジメントシステムに関連する内部及び外部のコミュニケーションの必要性を決定しなければならない：

— コミュニケーションの内容；

— コミュニケーションの実施時期；

— コミュニケーションの対象者；

— コミュニケーションの方法．

---

(1) 規定の趣旨

組織がアセット，アセットマネジメント及びアセットマネジメントシステムに関連して決定しなければならない内部及び外部のコミュニケーションの必要性について規定したものである．

(2) 活用のポイント

組織によるアセットマネジメントの活動は，関連するステークホルダーに，定期的に，調整された方法で伝達されることが望ましい．そのために，組織は

次の事項を考慮してコミュニケーション計画を策定することが望ましい.

① アセットマネジメントの要求事項及び期待の認識の構築

② アセットマネジメントシステムの実施がステークホルダーに与える影響の理解

③ ステークホルダーとの関係の促進

④ ステークホルダーを管理し，情報を提供し，影響を及ぼすこと

また，コミュニケーション計画の内容としては，次の事項を含んでもよい.

① アセットマネジメントの活動等を実施することの便益，並びにこれらの改善がステークホルダー及び組織に及ぼす影響への期待

② 改善のスケジュール

③ 資源に特有のコミュニケーション

④ コミュニケーションの担当者，必要性，時期及び内容

⑤ ステークホルダーに必要とされる知識

⑥ 特定のコミュニケーションを行うのに最も適した代表者

⑦ コミュニケーションのために用いられる様式

⑧ フィードバック及び報告のプロセス

(3) 要　　点

1. 組織は，アセット，アセットマネジメント及びアセットマネジメントシステムに関連する内部及び外部のコミュニケーションの必要性を決定しなければならない.

―――――――――――――――――――――― **ISO 55001：2014** ―

7.5　情報に関する要求事項

組織は，アセット，アセットマネジメント，アセットマネジメントシステム及び組織の目標の達成を支援するために，情報に関する要求事項を決定しなければならない．これを行うときは：

a)　組織は，次の事項を考慮しなければならない：

― 特定されたリスクの重要性；

— アセットマネジメントのための役割及び責任；

— アセットマネジメントのプロセス，手順及び活動；

— サービス提供者を含む，組織のステークホルダーとの情報の交換；

— 組織の意思決定に関する情報の質，利用可能性及びマネジメントの影響；

b) 組織は，次の事項を決定しなければならない：

— 特定された情報の属性に関する要求事項；

— 特定された情報に関する質的な要求事項；

— 情報を収集し，分析し，評価する方法及び実施時期；

c) 組織は，情報を管理するためのプロセスを指定し，実施し，維持しなければならない；

d) 組織は，組織全体を通じてアセットマネジメントに関連する財務的及び非財務的な用語の整合性のための要求事項を決定しなければならない；

e) 組織は，そのステークホルダーの要求事項及び組織の目標を考慮しつつ，法令及び規制上の要求事項を満たすために必要とされる程度まで，財務的及び技術的なデータとその他の関連する非財務的なデータとの間の一貫性，及び追跡可能性があることを確実にしなければならない．

（1）規定の趣旨

組織がアセット，アセットマネジメント，アセットマネジメントシステム及び組織の目標の達成を支援するために決定しなければならない情報に関する要求事項，並びに情報を管理するためのプロセスについて規定したものである．

（2）活用のポイント

組織は，必要なアセットの情報を識別するための体系的なアプローチをとり，適切な情報のレポジトリー（保管場所）を確立することが望ましい．例えば，

7 支　援　　93

組織は，ニーズ分析を行い，優先順位を確立し，システム開発の選択肢及び
データ収集戦略をレビューし，情報のレポジトリーの作成及びデータ収集を計
画し，適切に実施することが望ましい．

　一般に，組織がアセットの情報に関する要求事項として考慮することが望ま
しい分野は，次のとおりである．

　①　戦略及び計画策定

　②　プロセス

　③　技術的及びアセットの物的資産

　④　サービス供給及び運用

　⑤　維持管理マネジメント

　⑥　パフォーマンスのマネジメント及び報告

　⑦　財務及び資源のマネジメント

　⑧　リスクマネジメント

　⑨　危機管理及び継続計画

　⑩　契約マネジメント

　また，組織が情報に関する要求事項を決定するときに考慮することが望まし
い事項としては，例えば，次のようなものがあげられる．

　①　意思決定を可能にする情報の価値，並びに情報の収集・管理に要する
　　　コスト及び煩雑さに見合う情報の質

　②　データの管理，仕様及び正確性のレベルの確立及び継続的改善

　③　特定の情報の管理のための説明責任の決定，割当て及び定期的なレ
　　　ビュー

　④　情報の収集・管理のために必要とされる力量の確立

　⑤　組織内の異なったレベル及び機能のための情報に関する要求事項の整
　　　合性（財務及び非財務の用語の整合性を含む）

　⑥　内部及び外部のステークホルダーからのデータ収集プロセスの確立

　⑦　データフロー，並びに情報ソースの計画策定，運用上及び報告上の技
　　　術システムへの統合

94　　第 2 章　ISO 55001 の逐条解説

⑧ 情報の適切な質及び時宜を維持することの能力

なお，7.5 e) の財務的及び技術的なデータとその他の関連する非財務的な
データとの間の一貫性，及び追跡可能性に関する要求事項については，一般に
は，その必要性が認められるものの，本書 1.2.3 で解説されているように，我
が国などの現状を踏まえ，協議の結果，"法令及び規制上の要求事項を満たす
ために必要とされる程度まで" という条件付きで合意されたものである．

(3) 要　　点

1. 組織は，アセット，アセットマネジメント，アセットマネジメントシ
   ステム及び組織の目標の達成を支援するために，情報に関する要求事
   項を決定しなければならない．
2. 組織は，情報を管理するためのプロセスを指定し，実施し，維持しな
   ければならない．

ISO 55001：2014

7.6　文書化した情報

7.6.1　一般

組織のアセットマネジメントシステムは，次の事項を含まなければならな
い：

— この国際規格によって必要とされる文書化した情報；

— 適用可能な法令及び規制上の要求事項のための文書化した情報；

— 7.5 に規定したように，アセットマネジメントシステムの有効性のた
　めに必要であると組織が決定した，文書化した情報．

注記　　アセットマネジメントシステムのための文書化した情報の範囲
は，次の理由によって，それぞれの組織で異なる場合がある：

— 組織の規模並びに活動，プロセス，製品及びサービスの種類；

— プロセス及びそれらの相互作用の複雑性；

— 人々の力量；

— アセットの複雑性．

7 支 援　　　95

7.6.2　作成及び更新

文書化した情報を作成及び更新するときは，組織は，次の事項を確実にしなければならない：

— 適切な識別及び記述(例えば，タイトル，日付，作成者又は参照番号)；

— 適切な形式（例えば言語，ソフトウェアの版，図表）及び媒体（例えば，紙，電子媒体)；

— 適切性及び妥当性に関する適切なレビュー及び承認.

7.6.3　文書化した情報の管理

アセットマネジメントシステム及びこの国際規格によって必要とされる，文書化した情報は，次の事項を確実にするために，管理されなければならない：

a)　文書化した情報が，必要なときに，必要なところで，入手可能であり，利用に適した状態であること；

b)　文書化した情報が十分に保護されていること（例えば，機密性の喪失，不適切な使用及び完全性の喪失からの保護).

文書化した情報の管理に当たって，組織は，適用可能な場合には，次の活動に取り組まなければならない：

— 配布，アクセス，検索及び使用；

— 読みやすさが保たれていることを含む，保管及び保存；

— 変更の管理（例えば，版の管理)；

— 保持及び廃棄.

アセットマネジメントシステムの計画及び運用のために，組織が必要と決定した外部からの文書化した情報は，適切に識別され，管理されなければならない.

注記　　アクセスとは，文書化した情報の閲覧のみの許可に関する決定，又は，文書化した情報の閲覧及び変更の許可及び権限に関する決定，などを意味する.

96　　　　　第 2 章　ISO 55001 の逐条解説

（1）規定の趣旨

組織のアセットマネジメントシステムに含めなければならない文書化した情報，並びに文書化した情報の作成，更新及び管理について規定したものである．7.6.2 では，文書化した情報を作成及び更新するときに，組織が確実にしなければならない事項が規定されている．7.6.3 では，文書化した情報を管理するときに，組織が取り組まなければならない活動が規定されている．

（2）活用のポイント

組織のアセットマネジメントシステムには，本規格によって必要とされる文書化した情報のほか，適用可能な法令及び規制上の要求事項のための文書化した情報，及びアセットマネジメントシステムの有効性のために必要であると組織が決定した文書化した情報を含めなければならない．

組織は，そのアセットマネジメントシステム及びアセットマネジメントの活動の有効性を確実にするために必要とされる文書化した情報を決定することが望ましい．必要とされる情報は，組織ごとに異なり得るものであり，アセット及びアセットマネジメントの活動の複雑さに応じていることが望ましい．

文書化した情報を作成及び更新するときは，組織は，適切な管理が情報の適切性を確実にしているかどうかを決定することが望ましい．これらの管理は，アセットマネジメントの活動を支える人々が，承認された，正確で，最新の情報を用いていることを確実にするために必要である．

（3）要　　　点

1. 組織のアセットマネジメントシステムには，本規格によって必要とされる文書化した情報を始め，種々の文書化した情報を含めなければならない．
2. 文書化した情報は利用に適した状態で管理するとともに，十分に保護しなければならない．

8 運 用

　運用とは，組織がアセットマネジメントの目標を達成するために具体的に行動するプロセスであり，組織及びアセットのパフォーマンスの発揮及びマネジメントの継続的改善は，この運用を通じて行われる．ここでは，対象とすべき運用の範囲並びに運用を計画し管理するために実施すべき事項が規定されている．

─── ISO 55001：2014 ───

8.1　運用の計画策定及び管理

組織は，次の事項を実施することによって，要求事項を満たすため，6.1で決定した取組み，6.2で決定したアセットマネジメント計画，並びに10.1及び10.2で決定した是正処置，及び予防処置を実施するために必要なプロセスを計画し，実施し，管理しなければならない：

─　必要とされるプロセスに関する基準の確立；

─　その基準に従った，プロセスの管理の実施；

─　プロセスが計画通りに実施されたという確信及び証拠をもつために必要な程度の，文書化した情報の保持；

─　6.2.2に記述したアプローチを用いたリスクへの対応及びモニタリング．

（1）規定の趣旨

　図2.3は，アセットマネジメントシステムにおける，アセットマネジメント計画からパフォーマンス評価と改善までの重要な要素間の関係を示したもので，本書第1章の図1.4の一部分を抽出したものである．

　運用には，図2.3のa）～c）の矢印で示したような3種類の活動がある．a）は，組織がアセットポートフォリオに直接働きかける活動で，アセットの設置，取得，廃止のほか，アセットの健全な状態を確保する保守管理，改築更新とアセットを運転・操作する活動などが含まれる．b）は，設置，取得，改築更新

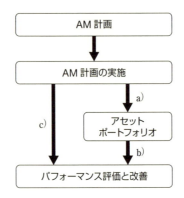

図 2.3 アセットマネジメントシステムの重要な要素間の関係（図 1.4 から抽出）

され，保守管理あるいは運転操作されたアセットが生み出すサービスを表す．c）は，アセットに直接働きかけるわけではないが，アセットの価値を実現させるための活動で，例えばアセット又はアセットの運用に関する情報提供，苦情対応，アセットの活用を促して収益の増加を図るための広報活動，アセットの一時的なサービス停止に伴う代替サービスの提供等の活動が該当する．

規格本文にあるように，運用の対象は次の四つを実施する活動である．

① アセットマネジメントシステムのためにリスク及び機会に取り組む行動（6.1）
② アセットマネジメント計画（6.2）
③ 不適合及び是正処置（10.1）
④ 予防処置（10.2）

ここで扱われる"運用"は，アセットマネジメント計画の運用に限らないことに留意する必要がある．

(2) 活用のポイント

上記①～④の実施に当たっては，計画策定と実施との間で生じるリスクを管理し，コントロールするプロセスを含めて，誰が計画策定に責任を有するのか，定められた活動がどのように実施されるのかを特定することが望ましい．

8 運 用　　　　99

　上記②のアセットメンジメント計画においては，すでにアセットマネジメントの目標が定められているが，目標が決まったら，それを達成するための活動とアセットのパフォーマンス，さらにそのアセットのパフォーマンスを達成，維持するための活動を分析，特定し，それぞれの活動及びアセットのパフォーマンスについて"業務評価指標（一般に PI：Performance Indicator とよばれる）"を設定する作業が行われることが多い．②のアセットマネジメント計画の策定作業においては，6.2.2 で定められた実施事項，必要な資源，責任者，達成期間，結果の評価方法などを決定するとされている．このような方法は①，③，④の実施プロセスの計画策定でも参考になる．

　6.2.1（アセットマネジメントの目標）では，組織は，関連する部門及び階層において，アセットマネジメントの目標を確立しなければならないとされている．このような部門ごと，階層ごとの目標のフレームワークは，運用レベルまでブレークダウンされると，ヒエラルキー構造をもった多数のプロセスとそのプロセスに関する基準，例えばそのプロセスのアウトプットの業務評価指標値から構成される運用プロセスのフレームワークができる．このような作業では，"ロジックモデル"とよばれるツールが用いられることがある．**図 2.4** は，高速道路の維持管理に関するロジックモデルの樹形図（一部）である．

　"必要とされるプロセスに関する基準"としては，役割及び責任，手順，資源配分，力量開発などが考えられるが，業務評価指標値もその要素となり得る．この基準は，アセットマネジメント計画（6.2）だけでなく，アセットマネジメントシステムのためにリスク及び機会に取り組む行動（6.1），不適合及び是正処置（10.1）及び予防処置（10.2）についても定められ，その基準に従ってプロセスの管理を実施しなければならない．また，プロセスの管理に当たっては，プロセスのパフォーマンスのモニタリングやその結果を始めとする文書化した情報の保持も重要となる．

　日常的なレベルまでブレークダウンされた各プロセスに責任者，手順，その他の基準等を割り当て，活動システム全体を可視化して管理する方法を"業務プロセス管理"という．業務プロセス管理の方法は，仙台市の下水道のアセッ

第 2 章　ISO 55001 の逐条解説

図 2.4　高速道路の維持管理ロジックモデルの樹形図（一部）[5]

8 運 用　　　　101

トマネジメントで採用されている（第3章3.1参照）．運用プロセスのフレームワークは，アセットマネジメントに限らず，マネジメント一般の運用に共通のものであるが，アセットマネジメントでは，図2.3に示されるように人の活動だけでなくアセットそのものもプロセスを構成し，そのパフォーマンスが目標とされる点に特徴がある．

運用段階におけるプロセスのフレームワークは仮説であって，PDCAのアプローチを通じて検証を重ねることにより，フレームワークやプロセスの改善を図ることが期待される．運用段階のPDCAは，アセットマネジメントシステム全体のPDCAとは別に臨機応変に実施され，適時適切に是正処置，予防処置その他の改善処置に反映されるのが普通である．

図2.5は，仙台市の下水道のアセットマネジメントシステムの運用イメージである．この図は，第1章図1.2に示したように現場の予算執行管理システムを修正するようなマネジメントシステムの部分も取り込み，日常業務の運用レベルでPDCAのフレームワークが働くように描かれていることに留意してほしい．アセットマネジメント計画と同様，リスク及び機会に取り組む行動，是正処置，予防処置も，日常業務の中で速やかに実施されるよう，運用プロセスのフレームワークを計画，実施，管理する．

前述の図1.2に示されているように，運用段階で収集されたモニタリング情報は適切に分析され，運用段階はもちろん，アセットマネジメントやアセットマネジメントシステムの改善のためにフィードバックされる．この場合，運用段階とアセットマネジメントシステムにおける上位のPDCAフレームワークとを関係付けるプロセスが重要となる．ここでいう"運用"は"operation"の訳であるが，プロセスを実施し，管理することであって，よく用いられる"戦略（strategy）"，"作戦（operation）"，"戦術（tactics）"というマクロからミクロにいたる視点のレベル分類における"作戦（operation）"とは異なることに留意すべきである．運用段階でも戦略的な視点や判断が求められることがある．例えば日常的なモニタリングにおいて，アセットのパフォーマンスに重大な影響を及ぼす差し迫ったリスクの兆候が見つかった場合，戦略的な判断に基

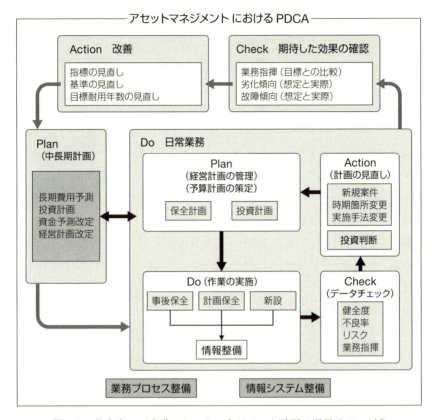

図 2.5 仙台市の下水道アセットマネジメント計画の運用イメージ[6]

づき，アセットマネジメント計画を変更して資源を大規模かつ緊急に動員しなければならない場合もあり得る．

本規定では，組織が実施すべき事項の最後に"6.2.2 に記載したアプローチを用いたリスクへの対応及びモニタリング"が掲げられている．運用段階であっても，リスクへの対応は，アセットマネジメントの目標及びそれを達成するための計画策定と同じレベルの方法，判断が求められるのであって，それは，運用段階からアセットマネジメントシステムの上位の PDCA へとフィードバックするプロセスを通じて実行される．

一般に，数十年という長期のライフタイムをもつ公共施設のようなアセットでは，当該アセットの長期にわたるパフォーマンスを視野に，短期のマネジメント活動を決めなければならない．時間の経過とともに，組織やアセットを取り巻く状況が変化し，又は地震，風水害等の自然災害や情報通信系に対するサイバーテロなどによって，所期の目的が達成できなくなるリスクが発生するおそれがある．また，アセットのパフォーマンスを十分な頻度又は精度でモニタリングできなかったり，アセットのパフォーマンスを達成するための活動が明確でなかったりすることもある．

そのような場合には，不適合の是正処置が容易に実施できない事態も考えられる．アセットによっては，間接的な指標を用いてパフォーマンスを推定したり，時系列データなどから将来のリスクの変化を予測したり，さらに，マネジメントの活動の効果を統計的に検証する技法なども開発されている．このような技法の開発は，アセットマネジメントにおいて，リスク及び機会に取り組む行動が大きな比重を占めていることの表れといえる．

新しく出現するリスクを決定し，アセットマネジメントの目標への影響を評価するため，組織が行動するのに十分な時間をもって，必要なプロセスを計画できるようにすることが望ましい．リスク及び機会に取り組む行動については，ISO 31000 シリーズ（リスクマネジメント）及び ISO 22301（社会セキュリティ―事業継続マネジメントシステム―要求事項）等を併せて参照するとよい．

(3) 要　　点

1. アセットマネジメントシステムのためのリスク及び機会に取り組む行動（6.1），アセットマネジメント計画（6.2），不適合及び是正処置（10.1），予防処置（10.2）について，必要なプロセスを計画し，実施する．

2. 必要とされるプロセスに関する基準を確立し，その基準に従ってプロセスの管理を実施する．

3. 文書化した情報の保持とリスクへの対応及びモニタリングを実施する．

104　　第2章　ISO 55001 の逐条解説

ISO 55001:2014

8.2　変更のマネジメント

アセットマネジメントの目標の達成に影響を及ぼし得る，計画した変更に伴うリスクは，それが恒常的，又は一時的なものであっても，その変更が実施される前に評価されなければならない．

組織は，そのようなリスクが，6.1 及び 6.2.2 に従って管理されることを確実にしなければならない．

組織は，計画した変更を管理し，必要に応じて負の影響を緩和する処置をとり，変更の意図しない結果をレビューしなければならない．

（1）規定の趣旨

運用段階の PDCA は，アセットマネジメントシステム全体の PDCA とは別に臨機応変に実施され，適時適切に是正処置，予防処置その他の改善処置に反映される．すなわち，"変更" が発生することになる．ここでいう "変更" とは，運用段階で日常的に発生する可能性のある，アセットマネジメントやアセットマネジメントシステムの変更であって，想定外の活動又はプロセスも含まれる．本規定は，常時起こり得るリスクに対する取組みに関するもので，その内容は，アセットマネジメントシステムの計画（6.1）及びアセットマネジメント計画（6.2.2）の策定におけるリスク及び機会に対する取組みと変わらない．

（2）活用のポイント

変更は，意図的なものと非意図的なものに区別される．意図的な変更には，運用プロセスの実施とモニタリングの結果実施される是正処置，予防処置その他の改善処置のように計画的に行われるものも含まれる．

考慮の対象とすべき変更の例としては，次のようなものがあげられる．

a）組織構造，役割又は責任

b）アセットマネジメントの方針，目標又は計画

c）アセットマネジメントの活動のためのプロセス又は手順

d）新しいアセット，アセットシステム又は技術（陳腐化を含む）

8 運 用 105

e) 組織にとっての外部要因（新しい法令及び規制の要求事項を含む）

f) サプライチェーンの制約

g) 製品及びサービス，契約者又はサプライヤーに対する要求

h) 競合する要求を含め，資源に関する要求

組織は，上記のような多様な変更をレビューし，予期される悪影響を緩和するために必要な行動をとる．このような変更のマネジメントは，当該アセットのリスクマネジメントに関する専門的なノウハウを要するため，提案された変更について証拠に基づき決定を下せる実現能力，及び組織全体において体系的にシナリオを考慮する能力を保持するよう努めることが望ましい．

意図的，計画的に実施される変更が提案された場合に，アセットマネジメント及びアセットマネジメントシステムへの影響を事前に評価することはもちろんであるが，変更の結果，アセットマネジメントに直接関係しない他の部署に発生するかもしれない影響についても評価の対象とすることが望ましい．例えば，一定規模以上の地震発生後，直ちにアセットの緊急点検を行うというルールを新たに設けることが提案された場合，当該組織内で動員できる技術者に限りがあるため，他部門の技術者の応援を仰ぐか，あるいは点検作業を緊急にアウトソースできるよう，当該他部門又は調達部門とあらかじめ調整を図るといったケースが該当する．

(3) 要　　点

1. 運用段階の PDCA の一環として変更を計画する場合は，その変更に伴うリスクを事前に評価する．

2. 変更のマネジメントの方法は，アセットマネジメントシステムの計画（6.1）及びアセットマネジメント計画（6.2.2）の策定におけるリスク及び機会に対する取組みと変わらない．

ISO 55001:2014

8.3　アウトソーシング

組織は，アセットマネジメントの目標の達成に影響を与え得る活動をアウ

トソースするときは，それに伴うリスクを評価しなければならない．組織は，アウトソースしたプロセス及び活動が管理されることを確実にしなければならない．

組織は，これらの活動をどのように管理し，組織のアセットマネジメントシステムに統合するかを決定し，文書化しなければならない．組織は，次の事項を決定しなければならない：

a) アウトソースするプロセス及び活動（アウトソースされるプロセス及び活動の適用範囲及び境界並びにそれらと組織自体のプロセス及び活動との接点を含む）；

b) アウトソースしたプロセス及び活動を管理するための組織内の責任及び権限；

c) 組織と契約したサービス提供者との間で，知識及び情報を共有するためのプロセス及び適用範囲；

活動をアウトソースするときは，組織は，次の事項を確実にしなければならない：

— アウトソースした資源が7.2，7.3及び7.6の要求事項を満たすこと；

— アウトソースした活動のパフォーマンスを，9.1に従ってモニタリングすること．

(1) 規定の趣旨

組織がアセットマネジメント又はアセットマネジメントシステムに関する活動の一部を，外部の組織にアウトソースすることはよく行われることである．アセットマネジメントの目標の達成に影響するような部分をアウトソースする場合，アウトソースされる活動はアセットマネジメントシステムの一部を構成し，運用プロセスのフレームワーク上に境界をもったサブシステムとして示すことができる．

組織は，アウトソースするプロセス及び活動を明確にした上で，その活動を

8 運 用　　　107

管理するために，本規定で示される要件を満足する必要がある.

(2) 活用のポイント

本規定は，公共施設等運営権等の民間開放や PFI/PPP*7 の活用拡大が国の基本政策となっている現在，ISO 55001 の中でも最も注目すべき規定の一つである.

アセットマネジメント活動のアウトソーシングは通常，契約やサービスレベルの協定等に基づいて行われ，規格本文に掲げられた項目 a) ～ c) が，契約書等の文書の形式で明文化されなければならない. アウトソースされる活動がアセットマネジメントシステムの一部を構成する場合には，項目ごとに次のような事項も文書に含めることが望ましい.

a) アウトソースするプロセス及び活動

　・業務範囲及び境界，組織とその管理のインターフェース，品質，予定表，協議要件，資金調達，フィードバック，及び改善の機会

b) アウトソースしたプロセス及び活動をマネジメントするための組織内の責任及び権限

　・アウトソースしたアセットマネジメントのプロセス及び活動を管理するための組織内での責任及び権限

　・サービス提供者（アウトソース先）の活動をモニタリングするためのプロセス

　・サービス提供者からのアセットマネジメントの活動の返還のプロセス（返還時に必要とされるアセットの状態及び関連した情報を含む）

c) 組織と契約したサービス提供者との間で，知識及び情報を共有するためのプロセス及び適用範囲

　・情報，知識，人々，プロセス及び技術の（双方向の）交換及び共有のた

---

*7　PFI（Private Finance Initiative）とは，公共施設等の建設，維持管理，運営等を民間の資金，経営能力及び技術的能力を活用して行う新しい手法である. PPP（Public Private Partnership：公民連携）は，公民が連携して公共サービスの提供を行うスキームであり，PFI は PPP の代表的な手法の一つである [2], [3].

めのプロセス

　アセットマネジメント活動の一部を外部にアウトソースする場合，サービス提供者が確実に力量に関する要求事項（7.2），認識に関する要求事項（7.3），文書化した情報の要求事項（7.6）を満足するようにしなければならない．これらの要求事項を確実に満たすためには，組織が契約書又は協定書の仕様書の中で具体的に要求する内容を決め，サービス提供者が満足しているかどうかを組織が自らモニタリングして審査する方法もあれば，詳細はサービス提供者に委ね，要求事項を満足していることを示す文書化された証拠を審査する方法もある．また，証拠の審査を第三者審査機関等に委任する方法もある．

　さらに，組織は，アウトソースした活動のパフォーマンスを，9.1 に従ってモニタリングすることが確実に行われるようにしなければならない．この場合も，モニタリングを組織が実施する方法，サービス提供者が自己モニタリングした結果の記録を組織が審査する方法，モニタリングを第三者に委任する方法等が考えられる．しかし，組織は，アセットマネジメントシステムの運用の一環として，それ自身のパフォーマンスのレビューを行う際に，アウトソースされた活動のパフォーマンスも併せてレビューすることが望ましい．

　本規定は，組織がアセットマネジメントの目標の達成に影響を与え得る活動をアウトソースする場合に，当該組織に求められる要求事項を記述したものであるが，その中に組織が外部のサービス提供者に求める要件も含まれ，その要件が ISO 55001 に含まれる要求事項の一部であることから，結果的にサービス提供者に対する ISO 55001 の適用についても連想させる内容となっている．実際，ISO 55002 では，"アウトソーシングの範囲によっては，外部のサービス提供者に，組織のアセットマネジメントの目標と整合した，それ自身のアセットマネジメントシステムを確立することを求めることがあり得る"との記述（8.3.3）がある．

　アウトソースの範囲が拡大すればするほど，組織は日常的にサービス提供者の広範な運用プロセスに立ち入って管理しなければならなくなる．また，組織のアセットマネジメントシステムにサービス提供者の運用プロセスを統合する

必要性が増し，そのことが組織にとって負担となる可能性がある．

　外部のサービス提供者が，組織のアセットマネジメントの目標と整合したそれ自身のアセットマネジメントシステムを確立し，維持していれば，組織は，サービス提供者のアセットマネジメントシステムを一つのプロセスとしてとらえることができ，組織自身のアセットマネジメントシステムへの統合の負担，すなわちアウトソースした活動を管理する負担を軽減することができるというメリットが期待できる．そのため，サービス提供者が，本規定で掲げられている 7.2，7.3，7.6 及び 9.1 の要求事項だけでなく，ISO 55001 の全ての要求事項を満足していることを求め，さらにこれを証明するため，組織がサービス提供者に対して，契約の条件等として ISO 55001 にかかわる第三者認証の取得を要求することがあり得る．また，逆の立場から，サービス提供者が自発的に ISO 55001 にかかわる第三者認証を取得することで，発注者となり得る組織に対して，自身と契約することのメリットをアピールすることもあり得る．

　8.1，8.2 で述べたように，一般に運用段階の PDCA は，アセットマネジメントシステム全体の PDCA とは別に臨機応変に実施され，適時適切に是正処置，予防処置その他の改善処置に反映される．したがって，運用プロセスのシステム自体が，アセットマネジメントシステムを構成するとみなされる場合も十分に想定される．この場合，サービス提供者に ISO 55001 の全ての要求事項を適用できるかどうかは，サービス提供者の扱うアセットポートフォリオの範囲やアウトソースされる業務仕様書の内容のみから，アプリオリに決まるわけではない．

　サービス提供者に対する ISO 55001 適用の意義は，サービス提供者の第三者認証取得に関する議論で取り上げられることが多いが，このことは，アウトソースする側の組織とアウトソースされる側のサービス提供者の考えや判断，すなわち市場における取引の価値判断で決まると考えるのが妥当であろう．一見，アセットマネジメントの範疇に該当しにくいと思われる業務であっても，ISO 55001 が少なくとも外形的に適用可能であり，かつ市場がそこに価値を見出せば，当該業務のサービス提供者に第三者認証が普及する可能性があると

110   第 2 章   ISO 55001 の逐条解説

いえる.

(3) 要　　点

1. 本規定は，組織がアセットマネジメントの目標の達成に影響を与え得る活動を PPP/PFI 等によって外部のサービス提供者にアウトソースする場合，満足しなければならない要求事項であり，契約書の作成等にも役立つ.

2. 本規定は，組織に求められる要求事項を記述したものであるが，結果的にサービス提供者に対する ISO 55001 の適用も連想させる内容となっている.

9　パフォーマンス評価

　組織には，アセット，アセットマネジメント，及びアセットマネジメントシステムのパフォーマンスを評価することが求められる. ここで，"アセットのパフォーマンス評価"とは，アセットに関するモニタリング，評価を意味する. "アセットマネジメントのパフォーマンス評価"は，アセットマネジメントの目標が達成されているかどうか，"アセットマネジメントシステムのパフォーマンス評価"は，アセットマネジメントを支援するシステムが効果的かつ効率的かどうかを評価することを意味する. パフォーマンス評価の結果は，マネジメントレビュー作成のための入力情報となる.

――――――――――――――――――――――――――――― **ISO 55001：2014**

9.1　モニタリング，測定，分析及び評価

組織は，次の事項を決定しなければならない：

a) 必要とされるモニタリング及び測定の対象；

b) 適用可能な場合には，妥当な結果を確実にするための，モニタリング，測定，分析及び評価の方法；

c) モニタリング及び測定の実施時期；

9 パフォーマンス評価　　　　111

d）　モニタリング及び測定の結果の，分析及び評価の時期．

組織は，次の事項について評価し，報告しなければならない：

― アセットのパフォーマンス；

― 財務的及び非財務的なパフォーマンスを含む，アセットマネジメント
　　のパフォーマンス；

― アセットマネジメントシステムの有効性．

組織は，リスク及び機会を管理するためのプロセスの有効性について評価
し，報告しなければならない．

組織は，モニタリング，測定，分析及び評価の結果の証拠として，適切な
文書化した情報を保持しなければならない．

組織は，モニタリング及び測定によって，組織が 4.2 の要求事項を満たす
ことを可能にすることを確実にしなければならない．

（1）規定の趣旨

　組織は，アセットのパフォーマンス，財務的・非財務的な実施状況を含むア
セットマネジメントの実施状況，並びにアセットマネジメントシステムの実施
状況に関して，モニタリングを通じてその状態を測定し，評価することが規定
されている．さらに，その結果を適切に文書化して保持することが規定されて
いる．

（2）活用のポイント

　近年，日本においても，アセットマネジメントの導入事例が増加している．
日本で導入されている多くのアセットマネジメントは，基本的には現場におけ
るアセットのパフォーマンス評価を実施し，評価によって確認された不適合
（物理的劣化，損傷や機能的不全）を是正することに重点を置いている．この
ようなパフォーマンス評価とそれに基づく是正処置の方法に関しては，対象と
するアセットの種類により完成度の差はあるものの，かなりの程度整備されて
きたと考えることができる．

112　　　　　　　第 2 章　ISO 55001 の逐条解説

　もちろん，アセットの種類ごとに，パフォーマンス評価，是正処置の方法の
高度化を継続的に推進していくことが必要である．そのためには，個々の組織
単位でこのような方法論の整備を行うだけではなく，行政，学会や関連する組
織において，精力的に方法論の体系化を図っていくことが必要である．さらに，
アセットごとに，アセットマネジメントシステムの試行的な開発や，その標準
化に関する活動も活発化してきており，その高度化に対して，今後も関係各位
の努力が期待できる．

　パフォーマンス評価やそれに基づく是正処置に関しては，それぞれの種類の
アセットに対して技術的に適正な内容をもつことが要請されることは論を待た
ない．このような個別アセットに関する技術的パフォーマンス評価や是正処置
に関する詳細については，それぞれの分野における文献を参照してほしい．さ
らに ISO 55002 では，このような技術的な検討だけでなく，組織によるマネ
ジメントという視点から，モニタリングから是正処置にいたる一連のプロセス
（及び関連する手順）の策定において，考慮することが望ましい事項（9.1.1.1）
を列挙している．

　パフォーマンス評価は，アセットマネジメントにおいてきわめて重要な活動
であり，要求事項を順守しているかを評価し，その結果を文書化することが要
求される．そのためには，パフォーマンスを評価するための測定基準や指標を
明確に定義しておくとともに，パフォーマンス評価の結果を過去にさかのぼっ
て分析できるように，データベースとして整備しておくことが望ましい．

　ISO 55001 におけるパフォーマンス評価には，アセットのパフォーマンス
（例えば，対象とするアセットの状態，故障の有無や機能の陳腐化）の評価だ
けではなく，アセットマネジメントあるいはアセットマネジメントシステムの
パフォーマンス評価も含まれることに留意する必要がある．ISO 55002 では，
具体的にアセットマネジメントの目標や方針に関してモニタリングが必要とな
る項目を設定（9.1.1.2）し，どのような情報を証拠として残すことが望まし
いかを指定している（9.1.1.3）．これらのパフォーマンス指標の中には，定量
的に表現できず，定性的表現を用いて評価せざるを得ないものもある．さらに，

9 パフォーマンス評価   113

物理的・機能的な評価指標にとどまらず，財務的指標を用いて評価することが望ましい．これらの指標は，是正処置の検討や継続的な改善の必要性を決定するために有用な情報を提供する．

アセットマネジメントシステムでは，パフォーマンスに関する情報を得るために，モニタリングや測定を通じてデータを収集し，その結果をデータベースとして蓄積する．これらのデータは，是正処置及び改善分野を特定するのと同様に，組織の方針及び目標が達成されるかを評価するために用いられることが望ましい．さらに，組織は，モニタリングや測定で得られたデータを分析し，計画された間隔で，アセット，アセットマネジメント，アセットマネジメントシステムのパフォーマンスを評価することになる．外部のサービス提供者にアウトソースされた活動のパフォーマンスに関しては，モニタリングされ，報告された結果の評価，組織によって実施された監査，又は独立した監査人の報告に基づくことが望ましい（9.1.2）．

パフォーマンス評価の頻度やタイミングは，組織の規模や組織の性格などによって異なるが，様々な法的規制によって規定されているものや，組織によって決定されるものがある．アセットの状態やパフォーマンスをモニタリングする場合，組織はモニタリング（点検）費用，不具合（劣化・損傷，機能的陳腐化等）等の程度，劣化のメカニズムや劣化速度を考慮して，モニタリング頻度や方式を決定することが望ましい．モニタリングデータが蓄積されていれば，統計的劣化予測モデルを用いて現実の劣化過程を表現する方法が数多く開発されており，これらの方法を活用することが可能である．

1.1.4 で言及したように，日本的組織におけるアセットマネジメントの現場では，組織の予算執行マネジメントを支える技術的なシステムやパフォーマンス評価を支援する情報システムを導入している場合が少なくない．ISO 55001 は，1.1.4 で示したような予算執行マネジメントシステムの運用だけでなく，組織全体としてアセットマネジメントを執行し，その内容を継続的に改善するようなアセットマネジメントシステムの確立を求める．このような観点から，ISO 55002 は，組織によるマネジメントのパフォーマンスを評価するための

事項を設定（9.1.2.2）し，どのような情報を証拠として残すことが望ましいか（9.1.2.3）を示している.

全ての定期的な評価及びその結果に関する文書化した情報は，証拠として保存することが要求される．パフォーマンス評価の結果が，組織内の異なる機能やグループに所属する人たちに共有化されるために，評価結果は技術的な用語だけで表現されるのではなく．財務的な用語を用いて表現されることが望ましい．このために，組織は財務会計シミュレーション，あるいは管理会計シミュレーションを実施することが望ましい．また，アセットをマネジメントするために発生するライフサイクルコストは，パフォーマンス評価において重要な役割を果たす．さらに，アセットの将来価値及びリスクプロファイルの変化は，財務的な評価指標と技術的な評価指標の双方を用いて評価されることが望ましい（9.1.2.5）.

ここに，リスクプロファイルとは，アセットポートフォリオを構成する個々のアセットが直面しているリスクとそれに対する対処の仕方を体系的に整理したものを意味する．アセットのモニタリングによる診断の結果に基づいて，アセットのリスクプロファイルが作成される[*8].

最後に，モニタリングを実施するときには，アセットにかかわる技術的情報と会計記録との間の整合性を確保するとともに，モニタリング結果の追跡可能性を確保することが望ましい．そのために，ISO 55002では，アセットの個々の構成要素の技術的寿命と経済的寿命との間の違いを認識するとともに，それらの違いがパフォーマンス評価に及ぼす影響を検討できるように配慮しておくことが望ましいとしている（9.1.2.5）．特に，両者の間にかい離があるような状況の下で，アセットマネジメントの技術やその運用上の事象が財務的状況に

[*8] リスクプロファイルについて，リスクマネジメントの国際規格であるISO 31000:2009（JIS Q 31000:2010）には，次のとおり記載されている.

2.20　リスク特徴（risk profile）

あらゆる一連のリスク（2.1）の記述.

　　注記　一連のリスクには，組織全体にかかわるリスク，組織の一部にかかわるリスク又はそれ以外の別途規定したリスクを含むことがある.

9 パフォーマンス評価 115

及ぼす影響を追跡するためには，管理会計システムの開発が有用であろう．

(3) 要　　点

　1. 組織は，定期的に，組織のアセット，アセットマネジメント及びアセットマネジメントシステムについて，体系的なパフォーマンス評価を行い，その結果を文書化することが求められる．

ISO 55001：2014

9.2　内部監査

9.2.1　組織は，アセットマネジメントシステムが次の状況にあるか否かに関して決定することを助ける情報を提供するために，予め定められた間隔で内部監査を実施しなければならない：

a)　次の事項に適合していること；

―　アセットマネジメントシステムに関する組織自体の要求事項；

―　この国際規格の要求事項；

b)　効果的に実施され，維持されていること．

9.2.2　組織は，次の事項を行わなければならない：

a)　頻度，方法，責任，及び計画に関する要求事項及び報告を含む監査プログラムの計画，確立，実施，維持．監査プログラムは，関連するプロセスの重要性及び前回までの監査の結果を考慮に入れなければならないこと；

b)　各監査について，監査基準及び範囲を明確にすること；

c)　監査プロセスの客観性及び公平性を確保するために，監査員を選定し，監査を実施すること；

d)　監査の結果を関連する管理層に報告することを確実にすること；

e)　監査プログラムの実施結果及び監査結果の証拠として，文書化した情報を保持すること．

116   第 2 章　ISO 55001 の逐条解説

（1）規定の趣旨

　内部監査とは，アセットマネジメントシステムが組織自体による計画・目標に合致しているかどうか，ISO 55001 による要求事項を満足し，アセットマネジメントシステムが組織目標のために適切なものかどうかを判定する体系的な組織による審査を意味する．また，内部監査とは，組織内部の人間と，又は代理人によって行われる内部目的のための監査である．業務の内容について精通した内部の人間が監査を行うことにより，外部監査に比べて客観性は失われるが，改善のために有効な情報を得られることが期待される．

（2）活用のポイント

　組織は，アセットマネジメントシステムが組織の要求事項と ISO 55001 の要求事項に適合することを確実にするために，計画された間隔で，内部監査を行うことが求められる．内部監査においては，アセットマネジメントシステムの取組みが組織によって規定された要求事項に従って実施されているか，ISO 55001 の要求事項に適合しているか，アセットマネジメントが有効に実施され継続的に維持されているかを評価することが求められている．また，内部監査の手順を含む監査プログラムについて文書化することが規定されている．監査プログラムは，組織の活動，リスクアセスメント，過去の監査結果，及び他の関連要素に基づくことが要求されている．

　ISO 55002 では，内部監査は，アセットマネジメントシステムの全ての適用範囲に基づくことが望ましいが，個々の監査は，全体のシステムをカバーする必要はないとしている．監査プログラムが，全ての組織の部署，機能，活動，及びアセットマネジメントシステムの全ての適用範囲が，組織によって指定された監査期間内に監査されることを確実にするのであれば，監査は，小さな部分に分割されてもよい．監査の適用範囲の決定においては，アセットマネジメントシステム及びアセットの両方に関連するリスクを考慮することが，よい方法である．この方法は，監査の妥当性を促進し，リスク分野を客観的に再評価するのに役立ち得る．

　アセットマネジメントシステムの内部監査の結果は，継続的改善のための基

9 パフォーマンス評価

本的情報として活用される．それと同時に，特定の不適合や不具合を是正又は予防するために用いられる．さらに，9.3（マネジメントレビュー）のためのインプット情報を提供するために用いられる．ISO 55002 では，アセットマネジメントシステムの内部監査は，組織内の人々，又は組織によって選ばれた外部の人々によって，代表して行われるとしている．いずれの場合でも，監査を行う人々は，力量があり，公平かつ客観的に監査を行う立場にあることが望ましい．その上で，監査はアセットマネジメントシステムの学習及び改善を支援することが望ましい．これを達成するために，監査はアセットマネジメントのプログラムにかかわる人々のパフォーマンスではなく，アセットマネジメントのプロセスのパフォーマンスに焦点を当てることが望ましいとしている．

　もちろん，内部監査は，実務とアセットマネジメントシステムとの相互の適合，及び ISO 55001 の要求事項への適合を確認することによって，アセットマネジメント，あるいはアセットマネジメントシステムの欠陥を判定することを目的としている．それと同時に，優れた実践や改善機会の事例を示すなど，継続的改善に役立つような情報を提供することが望ましい．

　アセットマネジメントの方針，目標及び計画が，相互に一貫し，適切で，妥当で，達成可能であることを確実にするために，ISO 55002 では，自己評価を行うことが望ましい事項を設定している（9.2.3）．自己評価のプロセスは，参加者が継続的改善のための機会を特定するように奨励することが望ましい．自己評価のレビューを実施する上で，組織の構成員による積極的な参加，理解及び支援が重要である．

(3) 要　　点

1. 組織は，アセットマネジメントシステムが組織の要求事項と ISO 55001 の要求事項に適合することを確実にするため，計画された間隔で，内部監査を行うことが求められる．

第2章 ISO 55001 の逐条解説

ISO 55001:2014

9.3 マネジメントレビュー

トップマネジメントは，組織のアセットマネジメントシステムの適切性，妥当性及び有効性が継続していることを確実にするために，予め定められた間隔で，アセットマネジメントシステムをレビューしなければならない．マネジメントレビューは，次の事項を考慮しなければならない：

a) 前回までのマネジメントレビューからの処置の状況；

b) アセットマネジメントシステムに関連する外部及び内部の課題の変化；

c) 次の事項の傾向を含めた，アセットマネジメントのパフォーマンスに関する情報；

― 不適合及び是正処置；

― モニタリング及び測定の結果；

― 監査結果；

d) アセットマネジメントの活動；

e) 継続的改善のための機会；

f) リスク及び機会のプロファイルにおける変化．

マネジメントレビューからのアウトプットには，継続的改善の機会及びアセットマネジメントシステムに対するあらゆる変更（8.2 参照）の必要性に関する決定を含めなければならない．

組織は，マネジメントレビューの結果の証拠として，文書化した情報を保持しなければならない．

（1）規定の趣旨

マネジメントレビューとは，トップマネジメントの視点から設定された目標を達成するために，アセット，アセットマネジメント，及びアセットマネジメントシステムの適切性，妥当性，及び有効性を判定するための活動である．マネジメントレビューは，継続的な改善の機会，及びアセットマネジメントシス

テムに対する変更の必要性に関連する決定を含むように規定されている.

(2) 活用のポイント

トップマネジメントは,組織の方針の運営,目標及び計画と同様に,組織のアセット,アセットマネジメント及びアセットマネジメントシステムの活動の適切性,妥当性及び有効性を確実にするために,計画された間隔で,それらをレビューすることが望ましい.レビューは,アセットマネジメントの方針が,組織の目的に適切であり続けるかどうかも考慮することが望ましい.さらに,継続的改善のために新規又は更新されたアセットマネジメントの目標を確立し,変更が,アセット,アセットマネジメントのプロセス及びアセットマネジメントシステムのある要素に対して必要かどうかを考慮することが望ましい(ISO 55002,9.3.1).

マネジメントレビューでは,9.3 a)から f)に示す事項を要求事項としているが,さらに,ISO 55002 では,マネジメントレビューへのインプットとして,具体的に含むことが望ましい事項を 9.3.2 に列挙している.

マネジメントレビューは,全ての要素を一度にレビューする必要はなく,レビューのプロセスは一定の期間にわたってよいが,アセットマネジメントシステムの適用範囲及びアセットマネジメントの活動をカバーすることが望ましい.

トップマネジメントによる実施及び成果のレビューは,定期的に予定され,評価されることが望ましい.マネジメントレビューの成果は,継続的な改善の機会及びアセットマネジメントシステムに対する変更の必要性に関連する決定を含まなければならないとされる.ISO 55002 では,マネジメントレビューの成果として,アセットマネジメントシステム及び活動における改善に関連する決定及び行動として,具体的に考慮することが望ましい事項を 9.3.4 として設定している.さらに組織は,マネジメントレビューの結果の証拠として文書化した情報を保持することが規定されているが,マネジメントレビューの結果を,関係するステークホルダーに伝達することが望ましい.

(3) 要　　点

1. トップマネジメントは,組織の方針の運営,目標及び計画と同様に,

120 第 2 章 ISO 55001 の逐条解説

組織のアセット，アセットマネジメント及びアセットマネジメントシ
ステムの活動の適切性，妥当性及び有効性をレビューすることが求め
られる．

10 改　　善

パフォーマンス評価により不適合が発見された場合，アセット，アセットマ
ネジメント，あるいはアセットマネジメントシステムを改善することが必要で
ある．不適合が発見されたときには，是正処置が必要となる．さらに，潜在的
に不適合が発生する可能性がある場合には，予防処置を講じることが必要とな
る．さらに，緊急時対応計画や事業継続計画がアセットマネジメントシステム
により取り扱われることが望ましい．

ISO 55001：2014

10.1　不適合及び是正処置

不適合又はインシデントが，アセット，アセットマネジメント又はアセッ
トマネジメントシステムに発生した場合，組織は，次の事項を行わなけれ
ばならない：

a) 不適合又はインシデントに対応し，適用可能な場合には，次の事項を
行う：
— その不適合を管理し，是正するための処置をとること；
— その不適合によって起こった結果に対処すること；
b) その不適合又はインシデントが再発又は発生しないようにするため，
次の事項によって，その不適合又はインシデントの原因を除去するた
めの処置をとる必要性を評価する：
— その不適合又はインシデントをレビューすること；
— 不適合又はインシデントの原因を明らかにすること；
— 類似の不適合の有無，又はそれが発生する可能性を明らかにすること；

     10 改　善　　　　　　　　121

c)　必要な処置を実施すること；

d)　とった全ての是正処置の有効性をレビューすること；

e)　必要があれば，アセットマネジメントシステムの変更を行うこと（8.2
　　参照）．

是正処置は，遭遇した不適合又はインシデントの影響に適切なものでなけ
ればならない．

組織は，次の事項の証拠として文書化した情報を保持しなければならな
い：

―　不適合又はインシデントの性質及びその後取った処置；

―　是正処置の結果．

（1）規定の趣旨

　不適合及び是正処置では，パフォーマンス評価によりアセット，アセットマ
ネジメント，アセットマネジメントシステムが要求事項を満足していないこと
［ISO 55000，3.1.11（不適合）］が確認されたときや，アセットのマネジメン
トにおいて損傷又は他の損失に至る予期しない事象又は事件［ISO 55000，
3.1.8（インシデント）］が発生した場合に組織が行わなければならない事項に
ついて規定している．さらに，見つかった不適合やインシデントに対して実施
する是正処置については，その不適合やインシデントが及ぼす影響に対して適
切に対処できるものであることを求めている．

（2）活用のポイント

　パフォーマンス評価により，アセット自体だけでなく，アセットマネジメン
トやアセットマネジメントシステムに不適合やインシデントを発見することが
できる．このような不適合やインシデントは，アセットを利用するステークホ
ルダーに悪影響を及ぼす可能性がある．このような不適合やインシデントが認
識された場合に，それらを是正するための計画やアセットマネジメントやア
セットマネジメントシステムを修正するプロセスを事前に確立しておくことが

望ましい.

さらに，発生した不適合やインシデントを文書化し，レビューし，どのように処置されたかを評価することによって，将来に発生するかもしれない潜在的な不適合やインシデントを予防するための方法論を作成しておくことが必要である．不適合やインシデントを是正する処置とは，パフォーマンス評価において発見された不適合やインシデントが発生した根本原因を見極め，再発の可能性を防止又は低減するためにとられる一連の処置を意味する．ISO 55002 は，このような是正処置のプロセスにおいて考慮することが望ましい事項を10.1.1 として列挙している．

組織は，アセット，アセットシステム及びアセットマネジメントシステムに関連する不適合やインシデントを処理し，調査するためのプロセス（及びそれらに伴う手続き）を確立し，実施し，維持することが望ましい．10.1（不適合及び是正処置）では，不適合又はインシデントに関して，a) から e) を実施できるようなプロセスを規定している．したがって，組織は不適合やインシデントの調査，及びそのために必要な責任及び権限のための重要な基準を明確にしておくことが望ましい（ISO 55002, 10.1.2）．

さらに，このような不適合やインシデントを是正させるためのプロセスを設定するだけではなく，これら一連の手順を組織的に開始するためのプロセスを確立し，必要な場合に確実に実施できるような体制を維持することが望ましい．講じられる是正処置には，長期的な対応が必要なものから，直ちに対応が必要なものまで多様な種類がある．このため，組織が直面しているリスクに対してバランスのとれた対応処置を講じることができるように配慮しておくことが望まれる．新しいリスクやリスクが変化したことが認識された場合や，アセットマネジメントを実施するために新しくプロセスを組み替えたり，新しい組織的な取決めが必要となる．そのために，予めリスク評価を行い，是正処置が必要となったときにすぐに対応できるように，是正のためのプロセスを前もって設定しておくことが望ましい（ISO 55002, 10.1.3）．

組織は，是正処置をタイムリーに実施したり，あるいは実施をとりやめたり，

10 改 善　　　　123

是正処置の有効性をモニタリングすることが望ましい．さらに，講じられた是正処置に関する情報を文書化して保存しておくことが望まれる．組織は，このような活動を通じて，是正処置のために新たな活動が必要となる場合，その結果を踏まえてアセットマネジメントシステムを確実に変更できるようなプロセスを構築しておくことが望ましい．

（3）要　　点

1. パフォーマンス評価で発見された不適合やインシデントの再発を防止又は低減するための是正処置のプロセスを確立する．
2. 不適合又はインシデントの性質及びその後に講じられた処置，及び是正処置の結果について文書化する．

ISO 55001：2014

10.2　予防処置

組織は，アセットのパフォーマンスにおける潜在的な不具合を事前に特定するプロセスを確立し，予防処置の必要性を評価しなければならない．

潜在的な不具合が特定されたときは，組織は 10.1 の要求事項を適用しなければならない．

（1）規定の趣旨

組織が，顕在化したインシデントや不具合だけでなく，将来に発生する不具合を事前に予測し，それに対する予防処置を実施することができるような手順を確立することを規定している．さらに，10.1 に示す是正処置に基づいて対応することを規定している．

（2）活用のポイント

アセットの中には，その寿命がきわめて長期にわたるものがあり，物理的劣化や機能の劣化という現象を通じて，アセットのパフォーマンスにおける不具合（例えば，故障や損傷）が現れる．予防処置とは，このような劣化現象や機能劣化の過程を事前に把握し（予知行動），具体的なインシデントが発生する

前に，予め潜在的な不具合やインシデントの根本原因に対応するためにとられるものである．組織は，予防処置又は予知行動を開始するためのプロセスを確立し，実施し，維持することが望ましい．ISO 55002では，予防処置のプロセスを確立及び維持するために考慮すべき事項を10.2に整理している．

（3）要　　点

1. 予防処置を講じるための手順を確立し，その必要性を評価する．

ISO 55001：2014

10.3　継続的改善

組織は，アセットマネジメント及びアセットマネジメントシステムの適切性，妥当性及び有効性を継続的に改善しなければならない．

（1）規定の趣旨

継続的な改善では，アセットマネジメント及びアセットマネジメントシステムの妥当性，適切性，並びに有効性の継続的改善を実施するように求めている．すなわち，アセットマネジメント，アセットマネジメントシステムが，ISOの要求事項を満たしているかという妥当性の視点，組織の目的と合致しているかという適切性の視点，計画した活動が実行され，計画した結果が達成された程度という有効性の視点から確認し，必要な場合にはアセットマネジメント，アセットマネジメントシステムを改善していくことを規定している．

（2）活用のポイント

組織全体の立場から，アセット，アセットマネジメント又はアセットマネジメントシステムのモニタリング，評価，是正処置を通じて，これらの継続的改善を図っていくことが望ましい．継続的改善は，組織の目標を達成することを目的として実施されるものであり，単にアセットのパフォーマンスの指標を達成することを目的とした周期的な（例えば，毎年の）改善を意味するものではない（ISO 55002, 10.3.1）．

10 改 善

継続的改善は，トップダウン，もしくはボトムアップのプロセス，又はそれらの組合せとして体系付けられる．組織は，継続的改善を実施するための機会を決定し，継続的改善を達成するための処置を評価し，優先順位付けし，実施することが望ましい．そして，その後の有効性をレビューするためのプロセスを確立し，それを実施し，かつ維持することが望ましい．ISO 55002 では，継続的改善において考慮すべき事項を 10.3.2 に示している．

さらに組織は，その持続的発展のために，アセットマネジメントに関連する新しい技術及び経験に関する知識を積極的に探求し，獲得することが望ましい．さらに，新しい技術や経験がもたらす潜在的な便益を評価し，適切にアセットマネジメントシステムに組み込むことが望ましい．ISO 55002 では，技術的な改善を実施するために活用することが望ましい事項を整理している（10.3.3）が，新しい知識や技能・技術を修得する機会を，可能な限り利用することが望まれる．継続的改善の方法は，不適合の状況やインシデントの内容により多様に異なるが，継続的改善を目指して ISO 55002 が指定するようなステップ（10.3.4）を踏むことが望ましい．

(3) 要　　点

1. 組織は，アセットマネジメント及びアセットマネジメントシステムの妥当性，適切性並びに有効性を継続的に改善しなければならない．

第3章

アセットマネジメントシステム　事例紹介

3.1　下水道分野の事例

3.1.1　はじめに

　下水道分野におけるアセットマネジメントの取組みは，民間企業はもとより，道路や橋梁，水道などインフラの他分野に比べてスタートは遅かった．これは現在においても普及がまだ完了していない汚水処理やゲリラ豪雨を始めとする都市部の浸水被害などの課題に対処するため，これまで建設事業に重きが置かれてきた経緯があるものと考えられる．ところが近年，ISO 55001 に対する認証取得を始め，下水道分野はアセットマネジメントにおいて他分野に劣らない実績をあげ始めた．これは国，地方公共団体の財源不足が深刻化し，普及促進どころか現存する施設機能維持にも支障が出始めている現状や，長寿命化支援制度などの国の支援策，さらには水ビジネスの国際展開や ISO 規格化の進展などが背景にあるものと考えられる．

　本節では，日本で初めて ISO 55001 の認証を取得した仙台市下水道事業がアセットマネジメントシステムを整備した経緯と実際に整備してきた内容について，ISO 55001 の要求事項に沿って解説する．

3.1.2　仙台市におけるアセットマネジメントシステム導入の経緯

　仙台市下水道事業（以下，仙台市）では，今後増大が見込まれる更新需要の見通しを立てるため，2006 年度に "AM（アセットマネジメント）導入検討 WG" を発足させ，その検討を始めた．以来，2007 年度には経営企画課を，2008 年度には経営企画課内にアセットマネジメントを主たる業務とする資産管理戦略室を設置してその検討を本格化させるとともに，アセットマネジメン

ト導入戦略を定めて，仙台市のアセットマネジメントの将来像とそこにいたるまでのロードマップを明らかにした．

アセットマネジメント導入戦略は，それまでに行ったアセットマネジメントの検討において表面化した問題点を整理した上で，アセットマネジメント先進国であるオーストラリアのブリスベン市の事例を調査して，その解決策を15の個別戦略と三つのシステム戦略にとりまとめた．

また同時に，下水管の管理を行う部署に対してアセットマネジメントを先行的に導入して業務改善を行い，アセットマネジメント導入への足掛かりとする"改善試行"とよばれる試行実施も行った．

仙台市のアセットマネジメントは，導入当初は更新計画策定を目的として始まったが，その過程において"目標管理"，"リスクマネジメント"，"業務プロセス"，"投資判断基準"などのアセットマネジメントを実施する"仕組み"を整備することを重視するようになった．これは，戦略策定時に整理した問題の解決をアセットマネジメントの目標の一つとしたことや，範としたオーストラリアにおけるアセットマネジメントがその"仕組み"を作ることを中心に考えていたことが影響している．結果として仙台市のアセットマネジメントは，アセットマネジメントを実施する仕組みであるアセットマネジメントシステム，ひいてはそのアセットマネジメントシステムに関する国際規格であるISO 55000シリーズへの対応が容易になった．

その後仙台市では，職員がアセットマネジメントの検討に参加する"分科会"や，アセットマネジメントにかかわる意思決定を行う"AM導入運営委員会"を組織して，多い年には全体の約半数の100名近い職員が参加する形でアセットマネジメントの導入を進めた．東日本大震災によって，当初予定から1年間の延期をしたものの，2013年度にアセットマネジメント本格運用を宣言し，ISO 55001の認証を取得した．すなわち，仙台市においてはISO 55001の成立前にアセットマネジメントシステムの整備がおおむね完了していたといえる（**図3.1**参照）．

3.1 下水道分野の事例

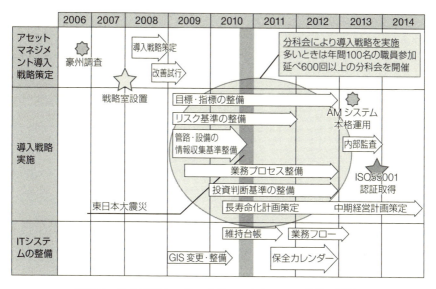

図 3.1 仙台市アセットマネジメントシステム整備の履歴

3.1.3 ISO 55001と下水道のアセットマネジメントシステム
――仙台市の認証審査を例として

　仙台市の認証審査では，仙台市において，また下水道事業全体において ISO 55001 が具体的に意味するものが明らかになった．本項ではその中で特に重要と思われる点について，ISO 55001 の章構成に沿って抜粋し解説する．

（1）組織の状況（ISO 55001 箇条 4）

（a）内部及び外部の課題

　アセットマネジメントを実施するに当たり，まず整理しなければならないのは，法規制や人口フレームなどの社会情勢，地形や災害履歴などの自然，施設の状態，現行のサービスレベル，これまでの計画，施政方針，そして現時点での予算や人員などの経営資源など，多種多様な内外の課題である．特に，アセットマネジメントは業務改善・改革の側面を強くもっていることから，組織内外からの問題点をできるだけ綿密に調査し把握することが重要である．仙台

市では WG やワークショップを通じて多くの職員にヒアリングを行い，情報整備や計画策定の業務プロセスや IT システム，縦割り組織の弊害，人材やノウハウの偏在など，様々な問題を抽出した．これらをアセットマネジメント導入戦略策定時にまとめて整理した上で解決策を策定した．

(b) 戦略的アセットマネジメント計画（SAMP）

ISO 55000 によると，SAMP は，組織の目標を①アセットマネジメントの目標，②アセットマネジメント計画へのアプローチ，③アセットマネジメントシステムの役割に変換する方法を記載する文書である．仙台市で①と②の役割を担うのが，2014 年度では"仙台市下水道基本計画"と"仙台市下水道震災復興計画"であり，これらにおいては中長期の下水道事業の基本方針や施策などが記載されている．また③の役割をもっていたのが，2008 年度に定めた"アセットマネジメント導入戦略"であり，目標管理やリスクマネジメント，業務プロセスなどの導入必要性と導入に向けた取組み内容，3 年間のロードマップなどがまとめられた計画である．戦略策定の過程においては，策定から 10 年が経過した"下水道基本計画"にかわる組織目標となる"下水道ビジョン"の骨子についても検討を行った．導入戦略の内容は，東日本大震災による 1 年間の延期はあったものの着実に実施され，2013 年度のアセットマネジメント本格運用と ISO 55001 認証取得につながった．執筆時現在，仙台市では 2016 年度より適用される"下水道マスタープラン"を策定中であり，上記①～③の要素を網羅した SAMP とする予定である．

(2) リーダーシップ（箇条 5）

(a) トップマネジメント

仙台市では一つの部局として下水道事業を運営しているため，最高責任者は市長であるが，建設局長が管理責任者として通常の意思決定を行っている．一方アセットマネジメント導入においては，"アセットマネジメント導入運営委員会"を設置して導入に関する様々な決定を行ってきた．アセットマネジメントシステムの本格運用に当たり，この運営委員会を"下水道事業調整会議"として，下水道事業に関する重要な意思決定をこの会議で行うこととした．

3.1 下水道分野の事例

（b）アセットマネジメント方針

仙台市のアセットマネジメント方針は，アセットマネジメントの適用範囲や方向性，責任等を明示したものである．

適用範囲については，仙台市では公共下水道事業，農業集落排水事業，地域下水道事業，浄化槽事業と四つの事業を運営するうち，浄化槽事業を除く3事業を対象とした．これは下水を管で集める集合処理と個人宅の汚水をその場で処理する個別処理の違いを考慮したものであるが，今後は浄化槽事業もアセットマネジメントの適用範囲に含めることで調整を進めることとしている．また，処理区や管路・処理場・ポンプ場といった公共下水道の内部は全て適用範囲に含めることとした．

方針の本文は11項目あり，法制度への適合，台帳の整備，職員の育成等の一般的な内容から，目標管理やリスクマネジメントの実施，投資判断基準に基づく意思決定や経営計画の策定などのアセットマネジメントに関する内容を網羅したものになっている．この方針は2013年度に定めたものであるが，仙台市のアセットマネジメントシステム導入の方向性はすでに導入戦略によって定められており，方針自体はそれを踏襲したものである．

（c）組織の権限及び役割

組織の役割については，アセットマネジメント方針に述べられている内容と，アセットマネジメントの内容を解説するためにまとめられた各種ガイドラインに記載されている内容がある．

方針では，アセットマネジメントが下水道事業全職員の職務であることと，仙台市長がアセットマネジメントの責任者であることが明記されている．統括ガイドラインでは，事業調整会議の役割・権限がまとめられているほか，組織図を示して内部監査を含む組織内の役割分担が明示されている．さらに，リスクマネジメントなどの他のガイドラインでも，それぞれの業務における役割分担が記されている．

また，それぞれの課がアセットマネジメント上どのような役割分担になっているかについては一覧表を作ってまとめているほか，毎年度当初にその年予定

132　　第 3 章　アセットマネジメントシステム　事例紹介

されているアセットマネジメント関連業務について各課に説明することとしている.

(3) 計　　画（箇条 6）

(a) リ　ス　ク

仙台市では，アセットマネジメント導入開始当初より，リスクマネジメントの実施を根幹に据えて考えてきた. リスクマネジメントの国際規格である ISO 31000 によると，リスクマネジメントプロセスはリスク基準の設定やリスクの特定，分析，評価，対応などの取組みからなるが，仙台市も ISO 55001 成立以前からそれらの取組みを行ってきた.

まず，仙台市のアセットマネジメントは当初更新計画の策定を目的としていたこともあり，管路や設備の破損や故障などのリスクを考えることは前提であった. その後，投資の上では，更新事業と優先順位の評価が今後必要となる事業として，浸水リスクと地震リスクも特定された. これらのリスクについてリスク評価を行うための基準を策定し，実際に評価を行った. 例えば，管路に関するリスクでは，その管路が詰まったり破損したりして機能不全を起こした際の影響について，使用できなくなる人数や流せなくなる水量，陥没を引き起こした場合に影響を及ぼす交通量，修繕に必要な費用等を 5 段階で評価する. また機能不全を起こす確率については，故障頻度や健全度から推測することとしている.

リスクは機器やエリアなど様々な単位で定めているため，それらを優先順位判断に用いる際には標準化した上で比較する必要がある. 仙台市においては現時点ではリスクを点数化して案件ごとに比較したり，コスト当たりのリスク減少効果を算出したりできるように工夫している.

2014 年 3 月末時点では，4,600 km を超える管路や 10,000 点を超える設備について，属性データ等を利用する一次的なリスク評価を完了しており，そのデータは GIS[9] などの IT システムに格納され利用可能となっている（**図 3.2**

＊9　地理情報システム（GIS：Geographic Information System）.

参照).今後は,具体的な事業実施の際により詳細な調査を行ってそのリスク評価を詳細化し,事業の優先順位判断に用いることとしている.

(b) アセットマネジメント目標

下水道は多くの場合施設を整備することによってその機能を発揮するため,組織全体の目標がアセットマネジメント目標に一致することが多い.仙台市でもアセットマネジメント導入戦略においてまず下水道ビジョンの制定を進め,その下に上位目標,業務目標を階層的に整備している.さらにそれぞれの目標に対して指標を設定し,その達成状況を計測することとした.

仙台市の下水道ビジョンは"市民","環境","経営"の観点で定められており,例えば市民の観点においては"下水道サービスの維持向上"や"雨に強い街の実現"などがビジョンに掲げられている.下位の目標の設定に際しては,バランススコアカード手法を参考とし,ビジョン達成に向けた戦略とその戦略目標,重要成功要因の決定等を通じて体系的に定めることとしている.また,課や係のレベルでヒアリングを行って実際の業務内容に即した目標とする一方,上位や下位の目標群との関係に留意して設定する.例えば"下水道サービスの

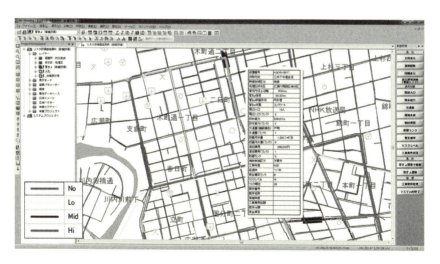

図3.2 下水道管路リスクのGISにおける表示

維持向上"を達成するためには，"下水流下機能の維持"と"顧客満足の向上"が必要であるとし，"顧客満足の向上"のためには"苦情の削減"が必要である，という具合に目標を細分化している．

また，リスク基準を整備する際にはこれらのビジョンや目標を考慮して，目標に対してその施設の故障や機能停止がどのような影響をもっているかを評価できるように設定している．

(c) 意思決定の基準

ISO 55000 シリーズでは，アセットマネジメントにおいて意思決定基準は重要であるとされているが，具体的な記述はあまりない．仙台市では，アセットマネジメント導入当初より投資の判断基準について着目し，策定を進めてきた．現在，仙台市の投資判断基準はリスクとコストによる判断基準と，投資判断の流れを示す投資判断フロー（図 3.3 参照）にまとめられている．

予算策定時には，まず工事案件が"法対応案件か？"，"道路等他事業からの工事要求によるものか？"など，投資判断フローの質問に従ってスクリーニングされ，早急に工事が必要な案件かどうかが選り分けられる．さらに，残った案件について，工事案件ごとに算出されたリスク点数とコストによって，優先

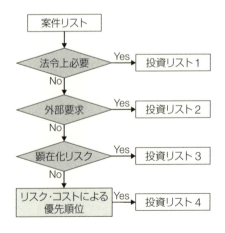

図 3.3　投資判断フロー

順位をつけて実施計画が策定される仕組みとなっている．意思決定基準は，利益や他の優先すべき要素を評価して組織ごとに決めてもよいことになっているが，透明性の高い意思決定はアセットマネジメントにおいて決定的に重要なので，十分な議論の上，使いやすい基準を決めることとしている．

(d) アセットマネジメント計画

仙台市では，投資計画・保全計画・財政計画からなる中期経営計画をアセットマネジメント計画とし，SAMP に当たるマスタープランとともに定めることにしている．

中期経営計画は 5 年間の計画期間をもつが毎年修正することとし，単年度の予算計画については中期経営計画を基に作成する．その達成については目標や指標を用いて評価することにしている．

これらの計画に計上する案件についてはリスク点数を予め計算しておき，計画を策定する際に優先順位をつけ，単年度あるいは 5 年間での工事リストに載せる場合の判断材料としている．また，これらの計画を策定し管理する手順や役割分担については，業務プロセスとしてとりまとめて文書化している．

(4) 支　　　援（箇条 7）

(a) 力　　　量

仙台市では ISO 55001 認証を取得するに当たり，新たにアセットマネジメントシステムに追加した内容があるが，力量に関することもその一つである．下水道事業は地方公共団体によって運営されているため，職員の採用は一括で行われることが多く，人事異動も下水道事業だけで完結しないため，厳密な力量定義や職務記述の活用が難しい側面がある．しかし，アセットマネジメントを実際に行うためには一定程度の能力が必要であり，同じ施設を委託事業者が管理する場合には，経験や資格を要求することもある．

そこで仙台市では，下水道事業やそのアセットマネジメントに必要な能力を改めて定義し，望ましい力量として明示することで，研修内容の作成や職員配置の参考として活用することにしている．

136　　　第 3 章　アセットマネジメントシステム　事例紹介

（b）認識とコミュニケーション

ISO 認証審査の際には，アセットマネジメントシステムとその運用に関する認識の有無は最もチェックしやすい項目である．しかし，職員一人ひとりにいたるまで，アセットマネジメントシステムの内容を十分に理解してもらうことはかなり難しい課題である．一方で，認識の向上がアセットマネジメントシステムの運用にきわめて重要なことも事実であるため，コミュニケーション計画を立てた上で計画的に研修を実施する必要がある．仙台市では，毎年度当初に全職員に対してアセットマネジメントシステムに関する研修を実施するとともに，新たに下水道事業に配属された職員に対してアセットマネジメントに関する新人研修を行っている．

コミュニケーションは，内部だけではなく外部に対しても図る必要がある．仙台市では利用者である市民に対して“経営指標レポート”や“リスクレポート”を作成し，事業の現状を説明することとしているほか，顧客満足度調査を実施して市民からの情報を得ることにしている．

（c）情　　報

アセットマネジメントのためには，新しい種類の情報を取得したり，これまで収集していた情報の精度を向上させたりする必要が生じる．仙台市では，情報収集の場面を中心に業務プロセスや情報収集が必要な項目や収集する際の基準を定め，できる限り効率的に，また正確に情報収集が可能になるような仕事の仕組みを構築した．

具体的には，管路や設備の不具合を分析したり，既存の点検内容を整理したりして，取得すべき情報の項目や収集方法を選定した上で，それぞれについて情報収集の計画を策定している．情報の項目については収集時に職員による誤差や入力ミスを起こしにくくするため，システムの整備・改良も同時並行で行っている．

情報整備のための業務プロセスの例として，管路の苦情処理がある．管路管理における苦情は年間 4,000 件にも及び，その削減と職員負担の軽減はアセットマネジメント導入の際にも大きな課題であり，目標であった．そこで管路管

理を行う下水道管理センターの業務内容を徹底的にヒアリングした上で業務プロセスを文書化し，現状分析を行った．その結果，苦情受付時の応対基準がないことや，苦情処理の進捗管理の必要性などが判明したため，あるべき業務プロセスや簡易なシステムの整備，必要性の少ない決裁の省略等の改善を行った．これにより同センターの業務の迅速化，効率化，確実性の向上が図られた．

さらに，その後もシステムの改善や業務フローシステムの導入，プロセスを継続的に改善するなどの取組みを続け，確実かつ迅速な業務執行と情報入力が可能になった（**図 3.4** 参照）．得られた情報は，他都市などとのベンチマーキングなどを通じて，業務改善や新たな取組みの計画立案に利用されており，アセットマネジメントの改善サイクルが回り始めている．

(d) 文書化した情報

仙台市でもベテラン職員の退職や人事異動などに伴うノウハウの継承は大きな課題であるが，"文書化"はそのソリューションの一つであると考えている．

ISO マネジメントシステムにおける文書化というと，品質マニュアルなどが思い浮かぶが，アセットマネジメントシステムでも，データやリスク，業務プロセスなどの文書化が必要である．特に，アセットマネジメント導入に当たり新たな変更の必要がないと考えられるマニュアル（例：工事監督や安全管理に関するマニュアルなど）についても，アセットマネジメントに関する重要な文献であるため，アセットマネジメントシステムに整合を図り，常に見直しが必要である．

また仙台市では，アセットマネジメントを運用する際に，アセットマネジメントによって新たに構築した，あるいは改良した"仕組み"について，ガイドラインとしてまとめている．例えば，目標管理やリスクマネジメント，業務プロセスなどについては，その内容や改善の方法等を含めガイドラインとしてまとめて閲覧可能にしている．

(5) 運　　用（箇条 8）

(a) 業務プロセス

業務プロセスは，仙台市がアセットマネジメントを実施する上で最も重要視

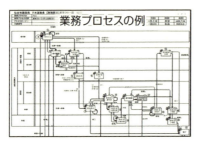
①業務プロセスの整備
情報整備やリスク評価など,アセットマネジメントで必要な業務を盛り込んだ手順を定める.

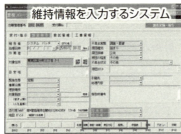
②ITシステムの整備
定められた手順に合わせてITシステムを整備し,情報入力の環境を整える.

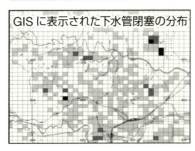
③データ分析が可能に
手順に従って入力されたデータを分析するとともに,他都市と比較するなどして業務改善を検討する.

図 3.4 業務プロセスと IT システムを併用した業務改善

してきたものの一つである.業務プロセスを作成することにより,日々の業務の可視化が可能になるため,引き継ぎや業務のノウハウの継承,見直しの提案が容易になる.仙台市では 76 に及ぶ設備や管路における新たな情報収集や計画策定の業務プロセスを策定し,業務フロー図を策定した.また,アセットマネジメント導入に際して作成や変更を行わなかったプロセスや手順書についても,その状況をチェックし,必要があれば見直しを図ることにしている.

定めた業務プロセスは人事異動や組織変更に応じて見直す必要があるため,

3.1　下水道分野の事例　　139

毎年1回は内容をレビューすることとしている．また，監査などで不適合が見つかった場合や故障などの大きなトラブルが起こった場合にも，プロセスを見直すことがある．例えば，アセットマネジメントの取組みによって判明した不具合について，業務プロセスを変更することで不具合の是正や縮減を図っている．

　以上のように，業務プロセスはアセットマネジメントを導入する上でとても重要であり，また業務改善のためにも積極的に導入するべきであると考えている．ただし，全てのプロセスを詳細に整備し管理すると煩雑になるため，その詳細度などについては使用頻度などに応じて決める必要がある．

（b）アウトソーシング

　アセットマネジメントシステムの一部を外部委託する場合であっても，そのパフォーマンスがアセットマネジメントシステム全体に影響を及ぼすことから，外部委託された活動については十分な管理を行う必要がある．仙台市では包括民間委託や指定管理者制度等を利用していないため，修繕や更新などについては市の職員が行っている．また，アセットマネジメントにおいては目標や指標の管理，リスク評価などが必要であり，これらに必要な施設に関する情報を外部委託の受託業者から収集する必要がある．

　仙台市では，アセットマネジメントの上で新たに必要となる業務については業務プロセスを作成しており，そのプロセスの中でアウトプットが必要な情報については内容を確認し，新たに整備が必要な情報については業者と収集可能かどうかの協議を行っている．

　委託業者とのコミュニケーションや，収集が必要な情報等は委託のレベルなどによっても異なるため，それぞれの組織で必要性に応じて決定する必要がある．

（6）パフォーマンス評価（箇条9）

（a）指標管理とその監視

　（3）の（b）にあるように，目標と対になるように指標を定めている．指標については，定義，算出手法，目的，解説などを明記し，計測頻度も定める．多くの指標は年に2度，中間値と年間値を計測することとしている．また年に1度，定期的な見直しも行う．仙台市では10の最上位指標，23の上位指標，

125の業務指標を管理しており，最上位指標と上位指標の年間値については"経営指標レポート"として下水道事業調整会議に報告し，市民に公開することとしている．

(b) 内部監査

指標がアセットマネジメントのパフォーマンスを計測し，監視するのに対して，内部監査はアセットマネジメントシステムの妥当性や有効性をチェックする．仙台市は ISO 55001 の要求事項に基づいて内部監査を行った（図 3.5 参照）．この内部監査実施の過程においては，内部監査基準を整備し，内部監査計画を策定するとともに，監査員がアセットマネジメントシステムをチェックするためのチェックシートを整備した．併せて，初めて監査を行う監査員に対して監査員研修を行った．

監査を実施した結果，"職員へのアセットマネジメントの浸透不足"，"業務プロセスの未実施"，"マニュアルと実際の業務の不整合"などの不適合が発見され，それぞれ是正処置と再発防止策が実施された．

内部監査を行うことにより，アセットマネジメントシステムそのものの改善が図られるとともに，職員への研修効果が非常に大きいことが確認できた．

さらにこの内部監査の仕組みを整備する上で，アセットマネジメントシステ

図 3.5　アセットマネジメント内部監査の様子

3.1　下水道分野の事例

ムの成熟度調査も試行した．これは要求事項の実施・未実施だけでなく，その浸透や実施頻度なども計測するもので，アセットマネジメントシステムのレベルを客観的に測ることができ，今後の改善が必要な箇所について具体的に把握することができる．

（c）マネジメントレビュー

仙台市では，マネジメントレビューは下水道事業調整会議にて行うこととしている．レビューにて評価を実施する項目は，"目標／指標"，"リスク"，"内部監査結果"，"不適合と是正処置"などである．

（7）改善（箇条 10）

（a）不適合と是正処置

内部監査などで不適合が発見された場合，速やかにトップマネジメントに報告し，是正処置を実施することになるが，どのような場合に不適合とするかについては基準を決めておく必要がある．仙台市においては法令順守，リスク対応，組織パフォーマンスなどの点で基準を決めており，例えば陥没事故の場合，陥没の頻発や重度の物損を引き起こした場合などについては再発防止策を策定し，そのような重度の物損が頻発した場合などに不適合とすることとした．

（b）予防処置と継続的改善

アセットマネジメントシステムで検出された不具合は，事故や不適合につながることもあるため，その程度によっては予防処置を講じる．例えば，仙台市では決められた業務プロセスに沿って苦情等の情報を収集分析しているが，その結果，陥没や詰まりが多く発生している地区が明らかになった．そのため，それらの地区について，陥没や詰まりが多く発生している取付管の調査を集中的に実施することにしている．さらに，他都市との比較に基づいて設計や業務プロセスの見直しも進めており，アセットマネジメントシステムを用いた改善サイクルが回り始めている．

3.1.4　マネジメントシステムの統合

組織にはアセットマネジメントだけではなく，多くのマネジメントシステム

142　第3章　アセットマネジメントシステム　事例紹介

が存在している．例えば，ISO 9001などのように明確に認識されているマネジメントシステムもあるが，意識しなくとも計画を策定し，事業を実施している場合，様々な役割分担や手順，基準等が存在する．アセットマネジメントシステムを導入する場合には，それらのマネジメントシステムの構成要素と独立した新たな仕組みとして導入するべきではなく，通常事業に溶け込ませる形で整備したい．

　仙台市においても，認証審査の際に，アセットマネジメント導入時に整備した業務プロセスだけでなく，通常事業で使用しているマニュアルなどについてもアセットマネジメントシステムの一部として常に改善するべきことが指摘された．一般にアセットマネジメントは，更新や維持管理に関するマネジメントシステムであると考えられていることが多いが，本来は，新規事業も含んで資産をマネジメントしていく広範なものである．特に，地域独占の装置型産業である下水道事業においては，組織のほとんどの職務がアセットマネジメントに関連しているといっても過言ではないため，アセットマネジメントシステムを導入する際には，組織の多くの部分が関係する．そのため，通常業務にアセットマネジメントシステムにおける意思決定や情報収集の仕組みを埋め込んで，業務を調整する必要がある．

　仙台市でのマネジメントシステム統合の簡単な例として，事業継続計画（BCP：Business Continuity Plan）とアセットマネジメントシステムの関係があげられる．仙台市では東日本大震災時に，他都市からの支援もいただきながら短期間で管路調査を行った．この調査の際にはアセットマネジメント導入に伴って整備されたGISを活用し，情報収集を行った．その手順は簡単な業務プロセスにまとめられたが，BCPで義務付けている災害対応訓練では，その業務プロセスに従って実際に調査を行うことで，調査方法を継承している．

　一方，アセットマネジメントシステムでは，リスクを整理し，老朽化や地震で壊れやすい管渠を抽出しているが，予算の制限もあり調査を行うことができる延長は限られている．そこで，災害対応訓練ではそれらのリスクの高い管渠の調査を行い，その情報を蓄積することとし，予めアセットマネジメントシス

テムの調査の一つとして位置付けた（図3.6参照）．これにより，費用と時間をかけずに有益な情報を得ることが可能となった．

このように通常の業務にアセットマネジメントシステムを組み込むことによって，職員や作業員が特段意識しなくともアセットマネジメントに関する業務を行うことができる．全ての業務においてアセットマネジメントシステムを意識しなくとも事業が可能になったとき，本当の意味でアセットマネジメントシステムの導入が完了したといえるのではないだろうか．

図3.6 東日本大震災時に有効だった新しいGIS（左）と災害訓練の様子（右）

3.1.5 おわりに

本節では，仙台市のアセットマネジメントシステムをISO 55001の内容に沿って解説してきた．仙台市のアセットマネジメントシステムは本格運用を開始したが，これは仙台市の維持管理が他都市に比べて特段優れていることを意味するものではない．アセットマネジメントシステムを不断に運用し，下水道事業を改善する仕組みがひととおりそろっているということを証明したにすぎない．

それでも，アセットマネジメント内部監査やISO 55001認証審査によって，アセットマネジメントシステムをチェックする仕組みが導入できたことは非常に意義があると考えている．なぜなら，それ以外にアセットマネジメントシステムを答え合わせする方法と世界基準は存在しなかったからである．仙台市で

144   第3章　アセットマネジメントシステム　事例紹介

は，ISO 55001 によってアセットマネジメントにおける自らの立ち位置を明確にし，利用者である市民にお知らせすることができた．

仙台市は，このアセットマネジメントシステムを用いて，基本理念とビジョンの実現に向けて取組みを続けていくこととしている．

3.2　道路分野の事例

3.2.1　はじめに

我が国の高速道路は，1963（昭和38）年の名神高速道路（栗東～尼崎）の開通から50年を経て約9,000 km の延長に達し，国内輸送の大動脈となっている．高速道路の建設と管理を行っている東日本，中日本，西日本高速道路株式会社（以下，高速道路会社）では，約50年の維持管理の経験と実績を基に，後述する道路管理情報マネジメントシステムの構築や総合保全マネジメントによる業務の PDCA サイクルの確立など，効率的・効果的な維持管理の追求とマネジメントの高度化を図っている．本節では，ISO 55001 の要求事項について，規格での順番に従って高速道路における取組みを事例として紹介する．

3.2.2　組織の状況（ISO 55001 箇条4）

ここでは，組織を取り巻く内外の状況把握，ISO 55001 の適用アセットの特定，アセットマネジメントの戦略的計画，及び組織の役割を述べる．

有料道路方式の高速自動車国道の整備は，国土開発幹線自動車道建設法に基づく予定路線について，基本計画，整備計画が決定された後，日本高速道路保有・債務返済機構（以下，機構）と高速道路会社の間で協定締結の上，高速道路会社の国土交通大臣への事業申請と許可により進められる．許可された高速自動車国道について，機構は高速道路会社に資産を貸し付け，高速道路会社は料金収入より貸付料の支払いを行う．機構は，この貸付料を基に建設で発生した債務の返済を行うこととなっている．

高速道路会社は，料金収入の一部を使い，料金徴収終了までの間に高速道路

3.2 道路分野の事例

資産を健全な状態に保つために維持管理を実施する．対象となる主な高速道路資産は，橋梁，トンネル，土構造物，舗装，施設及び標識や防護策などの道路付属物である．維持管理については，日常の清掃や除雪などの維持作業，比較的小規模な路面補修などの維持工事及び大規模な舗装改良や橋梁の耐震補強などの修繕工事が行われてきたが，最近では橋梁の約4割が供用後30年以上経過（図3.7参照）するとともに，大型車交通量の増大などにより，高速道路資産の老朽化が目立ってきており，新たに橋梁，トンネル，土構造物などの大規模更新や修繕が必要となってきている．現在の変状及び変状の進行などを判断して大規模更新と修繕の対象となる資産の延長は約2,100 km（上下線別及び連絡等施設を含んだ管理延長の約10%），必要な事業費は約3兆円であり，今後15年程度で対策を実施する予定である（執筆時現在）．実施に向けて，説明責任の履行，工事実施に伴う渋滞など社会的影響，技術開発，実施体制の強化及び人材確保・育成などが課題としてあげられている[4]．このため，老朽化対応と人材育成が中長期の戦略的目標の一部として掲げられ，従来からの維持

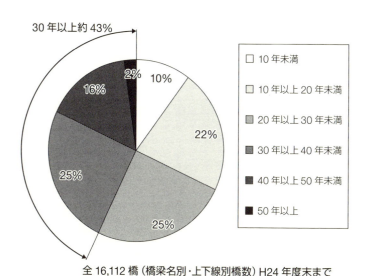

図3.7　高速道路の橋梁の経年割合

146　　　第3章　アセットマネジメントシステム　事例紹介

修繕工事に加えて大規模更新と修繕を行うために，さらなる効率的で効果的な
対策の実施が求められている．

このような状況の中で，事業の執行は，本社管理事業部門，支社管理事業部
門，及び管理事務所が関係し，計画・予算・事業実施を担当する組織の役割に
関しては規定により明確であるが，現状の組織形態は従来型の維持管理に対応
したものである．アセットマネジメントの展開に向けて，新たなマネジメント
に適した役割分担や責任と権限などの組織や目標とするマネジメントレベルに
ついて，ギャップ分析などの手法による検討が必要である．

3.2.3　リーダーシップ（箇条5）

ここでは，アセットマネジメントの方針の設定について述べる．

アセットマネジメントの方針として適用範囲や方向性の提示が必要であり，
通常の維持修繕では高速道路資産のうち橋梁やトンネルなどについて，例えば
橋梁耐震対策あるいはトンネル覆工コンクリートのはく落対策などが優先的に
実施されてきたが，今後は大規模更新・修繕対策として損傷の著しい橋梁，ト
ンネル，切土のり面保護工などが新たな対象として選定され，橋梁の床版交換
など抜本的な対策が実施される．このため，ICT（情報通信技術）などの先端
技術による維持管理業務の高度化が中期経営方針の一つとして示されている．

3.2.4　計　　　画（箇条6）

ここでは，組織の戦略的目標と整合のとれたアセットマネジメントの目標の
策定及び意思決定基準について述べる．

高速道路会社では，図3.8に示すような長期，中期，短期計画に従ってマネ
ジメントを実施している．機構と高速道路会社の間で結ばれた協定を基にした
債務返済計画が最も基本となる長期計画であり，この計画は5年ごとに見直
される．このほか，10年程度の高速道路会社独自の長期ビジョンを策定する
場合もある．長期計画等を受けて，中期（3〜5年）の経営計画が策定され，
期末に達成度評価と計画の見直しが行われる．短期計画では，構造物の点検・

3.2 道路分野の事例

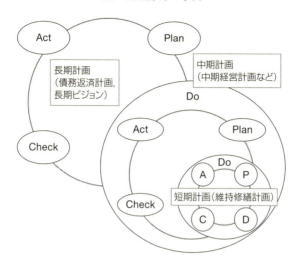

図 3.8　期間別計画とマネジメント

調査結果などを基に選択された事業に対して緊急度や経済性などを考慮した上で，事業を実施するための，年度ごとの維持修繕計画が作成され，事業の執行が行われる．

現在，高速道路会社では長期の戦略的目標として道路資産の老朽化対策を掲げており，今後は大規模更新・修繕のための対策が中期経営計画や年度ごとの維持修繕計画に反映される．

高速道路のマネジメントにおける意思決定基準については，長期計画である債務返済計画の範囲内で，中期計画では安全・安心の確実な担保を前提として，構造物の損傷や劣化予測に基づく補修対象箇所を基に，経済性，路線の重要度などの検討により，ネットワークレベルでの事業費の配分が行われる．さらに，短期計画では，構造物の損傷評価やライフサイクルコストを考慮した補修工法などの検討を基に，事業の優先順位付けと実施事業の選択が行われる．

3.2.5　支　　　援（箇条 7）

ここでは支援に関する要求項目のうち，力量と情報について述べる．

事業の実施については，点検，維持作業などは高速道路会社とグループ会社（エンジニアリング会社など）の社員が担当し，詳細調査，修繕工事などは外部会社にアウトソーシングされることが多い．インハウスエンジニアとして必要な力量（技術力）については，上記の業務遂行に必要な水準を設定して専門分野別の社内研修や国，民間資格の活用による能力の開発を行うとともに，グループ会社による研修や資格認定が行われている．例えば最近では，高速道路資産の老朽化や国の動向を背景に，点検員技術力の改善の必要性が認識され，高速道路会社共通の点検員の研修や資格に関する検討が進められている．

図3.9は，維持管理サイクルにおける主な業務内容である．この中で維持管理サイクルを確実・円滑に回すためには，それぞれの業務内における必要なデータの収集・蓄積と次の業務への情報の伝達を確実に行う必要がある．例えば，サイクルの"Plan"から"Do"にかけては，前回の点検結果，対象とする構造物の基本情報（橋梁形式，構造細目，設計基準，使用材料，施工方法など）などを基に点検が実施され，点検現場での記録や記録した情報のシステムへの登録が行われる．また，修繕工事の実施に当たっては，点検結果を基に個別損傷などの判定・評価と補修要否の判断が行われるが，過去の点検情報なども判断に必要不可欠である．

長年の経験から損傷の判定標準や記録を残すための点検展開図などを整備して，効率的かつ正確な点検に関する情報の収集と蓄積を目指しており，IT技術の活用など様々な改善も行われているが，今後，膨大な量の資産について点

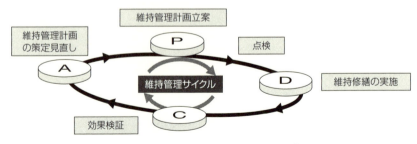

図3.9　維持管理サイクルと主な業務内容

検や修繕を実施していくためには，確実に伝達すべき必要最小限の情報が組織全体で共有できるシステムなどの検討が必要である．

また，図3.9のサイクルのうち，"Check"に当たる効果検証と"Act"に当たる維持管理計画の見直しに関して，高速道路では各種指標によるネットワークレベルの達成度の評価は行っているが，プロジェクトレベルも含めた事業評価を行うために必要なデータや評価手法の検討が必要である．

3.2.6 運　　用（箇条8）

ここでは，アセットマネジメントの作業実施手順とマネジメントシステムについて述べる．

図3.10は，維持管理サイクル（図3.9）の中で"Do"に当たる点検と修繕の実施について，点検に焦点を当てて標準的な作業手順を示したものである．これらの作業については，点検要領やマニュアルに従って実施されており，判定や評価についても判断基準が示されており，極力，個人の判断の差が小さく

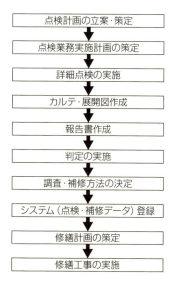

図3.10　点検に関する作業の流れ

なるように設定されている．ただし，詳細点検の実施，カルテ・展開図の作成，判定の実施などについては，個人の能力に負うところが大きいため，点検員の判断力の向上とともに確実な点検実施に必要な点検手法などについての定式化が必要である．また，作業全体を確実に実施するための作業手順を管理するとともに，手順に問題がある場合などのリスクを認識して，その対応策を検討しておくことも重要である．

図3.11は，個別の維持修繕工事に適用されるアセットマネジメントの流れの中で必要な情報とマネジメントシステムの役割を示したものである．アセットマネジメントでは，点検・調査結果，交通量及び工事補修履歴などのデータ

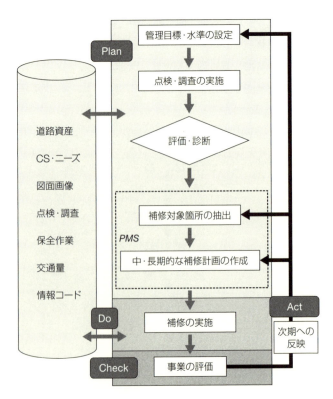

図3.11 アセットマネジメントの流れとマネジメントシステム

の蓄積と分析・活用がきわめて重要であるが，高速道路会社では"道路管理情報マネジメントシステム（RIMS）"を構築・運用している．RIMS は，経営基盤となる保全情報データを統合・共有化し，効率的な運用を図るためのシステム及びデータベースの総称であり，道路保全管理業務への利活用，道路資産の把握・管理，保全業務処理の支援・効率化，保全事業の計画立案支援等を目的としている．RIMS は，業務処理系システム，データ管理系システム，及びマネジメント系システムから構成されており，特に，橋梁マネジメントシステム（BMS）や舗装マネジメントシステム（PMS）などからなるマネジメント系システムはアセットマネジメントの中核となるものである．

マネジメント系システムのうち，BMS は，点検結果を基に橋梁の機能について評価・判定するための技術者支援用のツールである．ネットワークレベルでの予算配分の機能だけではなく，プロジェクトレベルでも塩害などの劣化予測式に対して，現場での点検結果を反映して劣化予測を改善できる．主な機能として，①健全度評価機能，②点検結果に基づく劣化曲線の補正機能，③変状グレードに応じた補修補強工法の選定とシナリオ別の補修工事費の算出機能がある．

また，PMS は，膨大な舗装工事に関する基礎データを蓄積し，定期的に測定する路面性状データなどから現状や経年変化の把握及び将来の予測等を行い，経済的な修繕工法選定や中期の修繕計画策定などを支援するものである．主な機能として，①補修計画策定機能，②共通の帳票出力の他に各種データを任意に選択・抽出し分析を行うデータ出力機能がある．

これらのマネジメントシステムの運用に当たっては，組織内でデータやフォーマットを統一するとともに，点検・調査や修繕工事の記録を確実に更新・蓄積することが必要であり，システムメンテナンス手順や責任者を明確にしておくことが重要である．

3.2.7 パフォーマンス評価（箇条 9）

初めに，構造物や舗装などの個別資産についての管理目標と達成度を評価す

るための指標について述べる．橋梁やトンネルに関しては，5年ごとに実施される点検により健全度の評価［例えば，橋梁ではグレードI（良い）～V（悪い）を使用］と個別損傷についての点検結果の判定を行い，補修実施の判断を行う．

舗装に関しては，わだち掘れ量，ひび割れ率（度），IRI（ラフネス），段差量，すべり摩擦係数（測定速度 80 km/h）を定期的に測定するとともに，舗装構造に関しては，必要に応じて FWD（Falling Weight Deflectometer）によるたわみ量の測定を行い，計算結果を基に個別指標ごとに管理目標値と比較して補修実施の判断を行う．わだち掘れ量などについては，蓄積された過去の測定データを基に図 3.12 に示す検討手順[5]により混合指数ハザードモデルなどを用いたマルコフ推移確率による劣化曲線を作成し，将来予測や予防保全に活用している．

次に，資産全体のパフォーマンス評価指標として，表 3.1 のアウトカム指標に示す橋梁修繕率，舗装保全率及び総合顧客満足度などを活用している．例えば，橋梁修繕率については，今後 5 年間にわたり修繕の必要のない橋梁の割合を示し，具体的には健全度に関する点検結果を基に，管理対象橋梁数に対するグレードI～IIIの橋梁の比率であり，高速道路会社では 90％以上を目標としている．また，顧客満足度（CS）については，総合満足度のほか戦略満足度（安全快適性，情報提供，休憩施設など）をインターネットによる調査と分

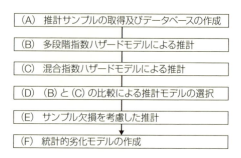

図 3.12　劣化モデル構築のための検討手順

3.2 道路分野の事例　　153

表 **3.1** アウトカム指標の内容

アウトカム指標	定　義
本線渋滞損失時間 （万台・時／年）	本線渋滞が発生することによる利用者の損失時間
路上工事車線規制時間 （時間／ km・年）	1 km 当たりの路上作業による年間の交通規制時間
死傷事故率 （件／億台キロ）	走行車両 1 億台当たりの死傷事故件数
利用時間確保率 （％）	道路が利用可能な時間の割合
橋梁修繕率 （％）	今後 5 年間は補修の必要がない橋梁の割合
舗装保全率 （％）	補修目的値に達する前の走行快適な舗装の車線延長比
総合顧客満足度 （ポイント）	CS 調査等で把握する維持管理に関するお客様の満足度

析を行い，毎年の CS 及び経時的な CS の変化について把握している．

　今後は，例えば舗装保全率では路面の管理水準がアウトカム指標に直結するよう，ロジックモデル[6]などによりインプット，アウトプット，中間アウトカム，最終アウトカム及び目標の関係を明確にし，更に適切な評価ができるようなマネジメント手法の検討が必要である．

　また，例えば図 3.10 の点検に関する作業の流れのそれぞれの作業手順に対する実施状況やマネジメント全体を通して，不適合内容の把握などの評価方法についても，アセットマネジメント展開に向けて検討が必要である．

3.2.8 改　　善（箇条 10）

　マネジメントの様々な作業に関して不適合がみつかれば，是正処置を実施しなければならない．

　例えば，高速道路会社では建設や維持管理のための設計基準として，設計要領のほか，点検要領を始めとする作業標準や運用を支援するためのマニュアル

類などを整備して実務に適用している．これらの要領やマニュアル類については，国内外の技術動向や事故などを含む社会動向を踏まえて，必要な都度，見直しを行っている．

また，高速道路会社では民営化以前から，総合保全マネジメント（ARM3）を導入して，循環型サイクルの定着を図ってきた．ARM3とは，高速道路の中長期的な保全事業に，客観的・体系的な意思決定を行う業務プロセスを導入して，成果主義に基づいた効率的な運営や投資を目的としたものである．

この実現のためには，客観的かつ効率的に保全事業計画を立案策定できるマネジメントの仕組みと体系的な業務プロセスを目指した業務支援が必要であり，図 **3.13** に示すような循環型サイクルを確実に回すことによるマネジメントの改善を目指している．

ARM3 の概念は，ISO 55001 が目指す改善の考え方と合致しており，これまでの経験や知見について ISO 55001 の要求事項との整合を図りつつ，継続

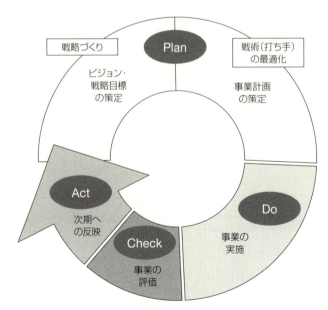

図 **3.13** ARM3 の循環型サイクル

的改善のための取組みの具体化を図る必要がある.

3.2.9　お わ り に

高速道路における維持管理業務を事例として，道路部門の ISO 55001 の要求事項に関して重要な内容について概要を述べた．高速道路会社ではまだ ISO 55001 の認証を受けていないが，50 年にわたる経験と実績を基にした高速道路のアセットマネジメントの内容は，すでに ISO 55001 の概念に則している部分もある．しかし，今後，アセットマネジメントを本格的に実施するためには，業務手順の文書化やアセットマネジメントの内部監査を始め，本文の中で指摘したような重要な検討内容も多く残っている.

高速道路資産の老朽化が進行していく中で様々な課題も明らかとなっており，より効率的・効果的に維持管理を実施していく方策が求められている．これまでの維持管理は技術者個人の能力に負うところが比較的大きかったが，老朽化が進む膨大な高速道路資産を長期にわたって健全に保っていくためには，より組織的なマネジメントにより維持管理サイクルを確実に回すことが重要である．ISO 55001 の要求事項は，組織として継続的に業務改善を図るための重要な内容が示されており，高速道路を始めとする道路部門での適用が期待される.

3.3　プラント分野の事例

3.3.1　は じ め に

我が国のプラント分野では，これまで法規制対応や事故撲滅そして徹底したコスト削減活動などを継続的に実施してきた．一方で，昨今，プラント系企業の設備管理部門の方々より，"自分達がいるうちはよいが，近い将来設備管理・保全業務がまわらなくなる"といった話を聞くことが多い．国内で稼働している多くのプラントは高経年化しており，設備起因のトラブル増加や保全・修繕費の増大といった傾向がみられるとともに，ベテラン保全技術者の高齢化・退職に伴い，これまで設備管理・保全業務を支えてきた"匠の知恵"のような暗

黙知の継承が危ぶまれている.

上記のような諸問題は，いずれもマネジメントシステムの課題に行き着くことが多い．本節では，プラント分野におけるアセットマネジメントシステムの課題と，ISO 55001 を導入する意義などについて考えてみたい.

3.3.2　組織の状況（ISO 55001 箇条 4）

ISO 55001 では，組織の目的やアセットマネジメントシステムの目標の達成に影響し得る組織内部・外部の状況を把握することを要求している．以下に，我が国のプラント分野におけるアセットマネジメントに関する組織の状況について概説する.

（1）内部の状況——設備

石油・化学等のプラント系企業においては，安全操業と製品の安定供給が経営の基盤であり，設備の性能や安全性，信頼性を維持するための設備管理と保全が欠かせない．プラントの設備管理・保全は，"定期的な SDM（Shutdown Maintenance）計画"に基づき検査や補修を行っている．SDM では，1 年から数年の周期で運転を停止し，設備を分解・点検したり，劣化・損傷した箇所の補修などを行う．SDM における検査対象部位や補修内容は，過去の経験値やメーカー推奨値などと重要度ランク（リスク基準）に基づき決定される．また，重要な機器については運転中のオンライン監視や停止中の非破壊検査などを行い，運転や経年による劣化・損傷の傾向監視を行っている.

ただし，プラント内の機器は設計条件や運転条件等の違いから一つひとつに個性があり，発生し得る劣化・損傷の部位や種類，程度も大きく異なることに特有の難しさがある．また，近年では高経年化に起因した設備トラブルが広範囲の部位で発生し，従来の保全手法だけでは対応しきれないケースが増大しており，各事業者にとって大きな問題となっている.

（2）内部の状況——組織

石油・化学プラントでは，運転中の設備の故障が生産計画の乱れに直結し，企業の損益に多大な影響を及ぼす．そのため，製造部門と設備管理・保全部門，

品質検査部門などの担当者らが毎日集まり，日々の生産実績や設備の状況をお互いに確認し，計画未達があれば処置・対策を行う日次ミーティングを実施している．

また多くのプラント企業では，事業所単位又はプラント単位で機械部門，計装部門，電気部門，土木部門などの専門組織が設置されている．これらの組織は設備管理・保全業務の専門性を高め，必要な技術や技能を蓄積する上で有効であるが，その一方で業務が縦割り化してしまい，部門間の連携をとりにくくしているという側面ももっている．

（3）内部の状況──人的資源

作業員は，入社以来一つの分野でスペシャリストとしての経歴を積むことが多い．作業員は業務経験を通じて運転や設備管理・保全に関する技術・技能を取得・蓄積し，その中でも卓越した技術・技能をもつベテラン作業員の存在が現場の設備管理・保全業務を支えてきた．しかし近年では，ベテラン作業員の多くが間もなく定年退職の時期を迎えるに当たり，技術・技能の喪失が懸念されている．しかし，現段階で必要十分な対策を講じている事業者はいまだ少なく，喫緊の対応が求められている．

（4）内部の状況──財務

民間企業においては，価格競争力をもった製品の生産が生命線であり，徹底したコスト削減が行われてきた．また，業績が悪化すると設備管理・保全にかかわるコストも予算削減の候補となり，本来必要な保全作業を中止や先送りせざるを得なくなる．しかし，このような無計画な状況が続くと設備の経年・劣化に伴う故障の発生可能性が高まるため，どうやって“コスト”に対して“リスク”，“パフォーマンス”の折り合いをつけるかが課題となっている．

（5）外部の状況──法規制

高温・高圧下で物質を取り扱う石油・化学などのプラントは，安全性や信頼性に関する様々な規制の下で管理・運用されている．主な規制としては“高圧ガス保安法（経済産業省）”，“消防法（総務省）”，“労働安全衛生法（厚生労働省）”の保安3法と“石油コンビナート等災害防止法（総務省，経済産業省）”

のほかに，発電を行う場合には "電気事業法（経済産業省）" などがある．プラントを管理・運用する事業者には，これらの監督官庁や地方公共団体などの許可や認定の取得，検査，報告などを行う義務があり，それらに関連する規程・基準等の整備，業務の実施，就業者への教育，帳簿の整備，記録の作成・保管，結果の評価・報告等を行っている．

3.3.3 リーダーシップ（箇条5）

ISO 55001 では，トップマネジメントがアセットマネジメントの方針を定め，職員に対して必要な責任と権限を割り当て，アセットマネジメントシステムが適切かつ十分，有効に機能していることを保証（コミットメント）することを要求している．

プラントの設備管理・保全業務では，日常の点検や補修，定期点検，老朽施設の更新，施設の耐震化，機能改良など，やるべき作業が山のように発生する．現場では，目の前にある作業をこなすことで日々の業務が問題なく進んでいるように思われるが，手当たり次第の対応では将来に対する懸念は確実に拡大する．限られた予算や人的資源等の中で，アセットの適正な管理につながる作業を特定し，実施するためには，作業の優先順位を決める基準や方針の提示が不可欠である．

国内の A 化学会社（以下，A 社）では，全社の中長期計画に基いて "生産・品質"，"安全"，"設備管理" に関するプラント全体の方針を定め，それらに沿って運転部門，品質検査部門，安全管理部門，設備管理・保全部門の業務管理方針と優先的に実施すべき施策を設定している．全体方針や部門別の業務管理方針の記述は抽象的な内容にとどまるが，具体的な施策と目標をひもづけることで，プラント全体の方針の達成を担保している．

また，A 社では各プラントの管理方針や目標を本社の生産・品質統括，安全管理統括，設備管理統括の各部署が横断的に管理している．プラント内の各部門の目標の達成はプラント長が最終責任を負うが，それとは別に，本社の各部署が全プラントの担当領域を統括する形をとっている．これにより，本社は各

プラントに対して全体最適に向けた方針を示すことになるが，目標達成や実行の責任がプラント側にあるため，本社側の意向が必ずしも反映されない点が課題となっている．

3.3.4　計　　画（箇条 6）

ISO 55001 では，時間とともに変化するリスクを認識し，管理することを要求している．特にアセットは環境や時間の経過とともにリスクが変化するため，現在だけではなく将来を含めてリスクの変化を認識する必要がある．また，アセットマネジメントの目標と意思決定の基準を定め，目標を達成するための計画を策定し，計画実施に必要な人員，予算の予測や優先順位をつけた配分を行うことを要求している．

　プラントにおいては，①生産停止や品質低下に伴う納期遅れや売上の減少，②保全コスト増加による価格競争力の低下，③環境汚染や事故による企業イメージの低下，などのリスクへの対応が求められる．特に，高経年化した設備においてはいずれのリスクも増大する方向にあり，適正なリスク把握と時宜に応じた対応策の実施が不可欠となる．また，生産と設備管理・保全は表裏一体の関係にあり，どちらかを優先させることで一方に無駄を生むことが多々ある．

　例えば，生産の継続を優先して保全を先送りすると，設備の信頼性が低下して生産量の低下や出荷できない仕掛品の増加，品質低下などのロスにつながる恐れがある．逆に，過剰な設備管理・保全はコストがかさむだけでなく，プラントの生産性低下につながる．そのため，特に製造部門と設備管理・保全部門においては密接な連携が求められる．

　国内の B 化学会社（以下，B 社）では，製造，設備管理・保全，品質検査，安全環境の各部門の業務管理方針の優先施策をブレークダウンし，具体的な実施内容と達成目標を含んだ実行計画を策定している．設備管理・保全部門においては，過去の故障修理結果や SDM 時に分解点検を行った結果などから摩耗や劣化度を把握し，今後の摩耗や劣化の進行を予測しながら補修の要否や周期などを決定の上で実行計画を策定する．さらに，設備が故障した場合の生産，

安全，環境，コスト等への影響を考慮し，補修の優先順位を設定している．ま
た，各部門の実行計画には目標が設定されており，業務管理方針を介してプラ
ント全体の方針や目標と結び付けられている．ただし，B社の場合，優先順位
の設定は担当者の経験，知見によるところが大きく，客観性のある判断基準の
設定が課題であることがわかった．

3.3.5 支　　援（箇条7）

ISO 55001では，アセットマネジメントシステムに必要な人員や予算など
の資源の管理，組織内外とのコミュニケーションの管理，アセットマネジメン
トに対する認識の管理，一連の活動に必要な情報の管理と文書化などについて
も要求している．

プラント分野では，経営資源である"人，物，金"の管理をERP（Enterprise
Resource Planning）システムなどの情報技術を活用して管理することが一般
的である．設備管理・保全にかかわる予算や資材，外部業者への委託契約につ
いても，ERPシステムがもつ予算管理機能，在庫管理機能，購買管理機能な
どで管理していることが多い．また設備管理・保全業務における情報技術の活
用に関しても，台帳管理や保全作業管理，故障懸案管理などを支援するシステ
ムの導入が進んでいる．ただし，その活用度合いは千差万別で，単なる履歴管
理システムとして活用しているケース，そのデータを活用して設備の信頼性向
上につなげているケース，プラントや企業全体の最適化に資する分析まで行っ
ているケースなど，業種や企業ごとに状況は異なる．

国内のC電力会社では，発電施設や送電施設をアセットととらえ，資産情
報と設備情報を連携させて管理するとともに，それらの取得・維持にかかわる
"人，物，金"の情報を一元的に管理する仕組みを構築した．具体的には，
ERPシステムと連携してアセットマネジメントを支援するEAM（Enterprise
Asset Management）システムを導入し，設備の台帳情報，図面等の文書情報，
保全作業のワークフロー，予算や財務に関する情報，資材情報，外部業者への
委託情報，不具合や是正処置などの情報を一元的に管理できるようにした．そ

の結果，各資産・設備でどのような不具合が発生し，それに対してどれだけの
コストや人員をかけているかを把握することが可能となっている．

3.3.6　運　　用（箇条8）

ISO 55001では，アセットマネジメント計画を実行する際のプロセスや必
要な手順などを整備し，それらを管理・運用することを求めている．

近年，プラント分野でもベテラン保全技術者の定年退職が間近となり，技術
や技能の喪失が懸念されている．特に設備管理・保全においては，一人で何役
もの職責を担当する"多能工"とよばれる技術者の存在があり，そのようなベ
テラン技術者が組織管理や人事も含めて現場のマネジメントを担っていたので
ある．

国内のD電力会社では，EAMシステムの導入に併せて業務プロセスや手順
の整理を行った．具体的には，計画策定〜調達〜作業実施〜記録〜評価までの
一連のプロセスについて業務フロー図を用いて可視化を行った．また，それら
の作業を通じて，現状業務における①簡素化，②標準化，③ IT 化，④集約化，
⑤アウトソーシング化，⑥廃止，などの改善ポイントを特定し，大幅な業務効
率化を達成することができた．

3.3.7　パフォーマンス評価（箇条9）

ISO 55001では，アセット，アセットマネジメント，アセットマネジメン
トシステムのパフォーマンス，リスク等について定期的に評価することを求め
ている．また，内部監査によるプロセスのチェック，マネジメントレビューに
よるアセットマネジメントシステムの有効性チェックなどを要求している．前
述のA社では，管理方針とともに設定した目標に対して四半期ごとに達成状
況を評価している．また，年に1回，本社の内部監査チームと経営者がプラン
トを訪問し，マネジメントシステムの有効性や効率性について内部監査とマ
ネジメントレビューを行っている．

3.3.8 改　　善（箇条10）

ISO 55001では，アセットマネジメントが当初の目標を達成できない場合や何らかの不具合が起きた際には原因を特定し，それらの再発可能性を評価し，適切に是正処置や予防処置を実施することを要求している．また，パフォーマンス評価の結果を上位の目標や計画等にフィードバックさせ，アセットマネジメントや支援の仕組みを継続的に改善することを要求している．

プラント系企業では，以前からTQM（Total Quality Management）による小集団活動やTPM（Total Productive Maintenance）によるカイゼン活動など現場主導による様々な改善が行われてきた．現場で見つかった不具合の実績をデータベースに記録したり，保全基準に反映するなどして"組織知"とする取組みも行われている．しかし，これらはまじめに取り組むほどやるべきことがふくらみ，現場の作業が増えるというジレンマがある．アセットマネジメントにおけるリスクマネジメントやパフォーマンス評価は，保全の"見落とし"を防ぐだけではなく，"やり過ぎ"を見直すきっかけにもなることに留意すべきである．

3.3.9　おわりに

国内におけるトラブル発生頻度の上昇や保全・修繕費の増大，技術・技能の伝承，海外で日本から持ち込んだ管理手法が通用しないといった，国内外のプラントが抱える諸問題を包括的に解決するためには，従来のプラント主体の"個別管理"では限界があり，グローバルあるいはプラント間で横軸を通したアセットマネジメントの実現が必須である．海外を含めた全社での業務標準化と文書化，明確な基準と実績の可視化，継続的改善の実現など包括的なアセットマネジメントシステムの構築が求められている．

3.4 イギリス国内の事例（道路分野，鉄道分野）

3.4.1 はじめに

イギリスは，アセットマネジメントの国内規格（PAS 55）を保有していたことから，ISO 55000 シリーズの導入に際しても議長国を務めるなど，その主導的役割を果たしてきた．本節では，イギリス国内の事例として，道路分野［英国道路庁：Highways Agency（以下，HA）］と鉄道分野（ロンドン地下鉄：London Underground）について，アセットマネジメントの取組み内容及び ISO 55000 シリーズへの対応状況を概説する．

3.4.2 道路（英国道路庁：Highways Agency）

HA は，運輸省（Department for Transport）所属の機関として 1994 年に設立された．図 3.14 に示すとおり，イングランド地域の高速自動車道と幹線道路の計約 10,000 km の運営・維持管理・機能向上の執行機関である．これまでは，全体を 14 のエリアに分割し，道路の管理・運営を包括的に民間事業者に委託する MAC（Managing Agent Contract）とよばれる方式を採用していたが，コスト縮減と品質向上を更に目指すため，2012 年より ASC（Asset Support Contract）とよばれる方式に移行し始めている．

ASC では，性能規定型契約を更に発展させたフルアウトカム型の契約となり，ASC の受託者はエリア内の道路の維持管理業務を，維持管理運営要求基準（AMOR：Asset Maintenance and Operational Requirements）に基づいて行うことになっている．

ASC では，アセットマネジメントの責任を受託者側に課すことが意図されており，受託者はリスクを踏まえた維持管理を実施するなど，裁量の範囲が大きくなる．図 3.15 に示すとおり，維持管理・運営の成果（outcome）を受託者であるプロバイダーに要求する仕組みである．現在のところ，MAC や ASC の対象は，アセットライフサイクルの運営管理のフェーズだけであるが，将来的には運営管理と更新を包括委託する方向に向かっている．

164　第3章　アセットマネジメントシステム　事例紹介

(a)

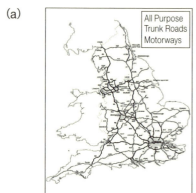

- Highways Agency is an Executive Agency of the Department for Transport
- Responsible for operating, maintaining and improving the strategic road network
- 35,273 lane-km network length
  - <5% of national total
- 150 billion vehicle-kilometres of travel each year
  - 51% of all goods vehicle trips
  - 27% of all passenger trips

(b) Examples of Highways Agency Assets

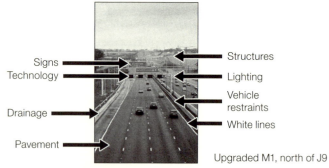

(c) Service Providers and Highways Agency Regions

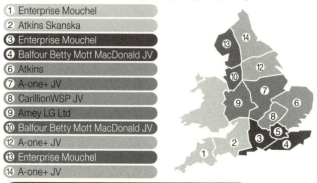

図 3.14　Highways Agency の管理道路 [7]

3.4 イギリス国内の事例（道路分野，鉄道分野） 165

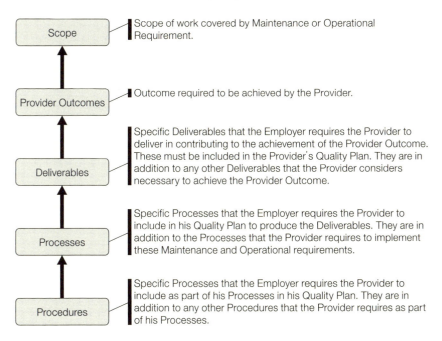

図 3.15 AMOR のフレーム[7]

また，HA では，図 3.16 に示すとおり，方針決定から建設，運営・管理，改築にいたるアセットのライフサイクルに対して，HA が技術基準や契約管理を行い，受託者（サービスプロバイダー）がインプットを行う仕組みを構築している．特に，運営・管理段階は，ルート管理を ASC で受託者にリスクベースの包括管理を委託する方法でマネジメントを行っている．

現在 HA では，多くのシステムがばらばらに存在しており，受託者に共通のデータセットがないことなどが問題となっている．その解決策として，統合版アセットマネジメント情報システムへの投資，アセットデータを分析するための意思決定支援ツールへの投資，文書化された一貫性のあるアセットデータ基準の整備などが検討されている．具体的には，図 3.17 に示すとおり，現行の 17 システムを統合版アセットマネジメント情報システム（IAM IS：Integrated Asset Management Information System）に入れ替える計画である．

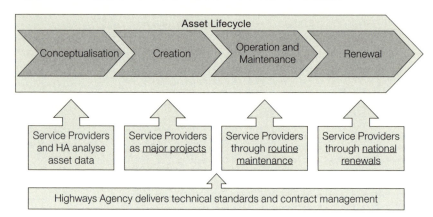

図 3.16 HA におけるアセットマネジメント[7]

またHAでは，アセットマネジメントの実施内容が構造物の物理的な劣化状況の評価や工学的なアプローチによる対策の実施など，技術面に偏りすぎていたという反省に立ち，現在は，構造物のパフォーマンス評価，リスクマネジメント，資金調達などを含めた総合的なアセットマネジメントを実施するため，**図 3.18** に示すとおり，パフォーマンス，資金調達，リスク，技術がバランスよく揃った"Good Asset Management"の実現を目指している．

HA は PAS 55 の認証取得，さらには ISO 55001 の認証取得に向けて取り組む方針であったが，2011 年に PAS 55 に基づくギャップ分析を行った結果，政策（ポリシー），戦略（ストラテジー），アセットマネジメントの目的（オブジェクティブ）に弱点があるとの指摘を認証機関から受けた．HA は 2015 年 4 月に向けて，政策実行機関（エージェンシー）から政府保有会社（カンパニー）への移行という大規模な改革を進めている．鉄道と同様に政府からの独立性を高め，より長期スパンで道路運営を行う方向へと進んでいる．ISO 55001 の要求事項では，コミュニケーション，ステークホルダー，トップマネジメントのリーダーシップなどがより強調されているため，HA は組織改革と併せて，現場レベルの道路の維持管理・運営の実務と経営の方針・戦略をつなぐ基盤を整える方針である．

3.4 イギリス国内の事例（道路分野，鉄道分野）

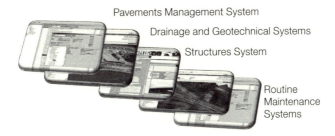

図 3.17　IAM IS の構築[7]

図 3.18　GOOD AM の実施[7]

その一方で，HA は ASC の受託者に対し，PAS 55 の成熟度で契約後 6 か月以内にレベル 2，契約後 3 年以内にレベル 3 を達成することを要求している．14 エリアの内の一つ（Area 10）では，BBMM（Balfour Beatty, Mott MacDonald）JV が ASC の受託業務を行っており，HA 自体の ISO 55001 の認証取得に先立ち，アウトソース先に成熟したアセットマネジメントの実施を求めている．

3.4.3　鉄道（ロンドン地下鉄：London Underground）

ロンドン地下鉄は，図 3.19 に示すとおり，TfL（Transport for London）の下部組織の一つであり，TfL から委託を受け，600 車両，276 駅，11 路線

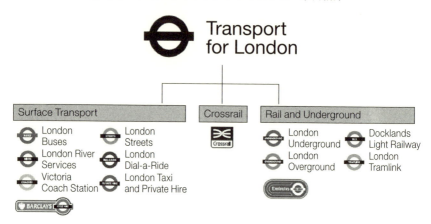

図 3.19　TfL 組織図 [8]

816 km の線路，13 の車両基地などを管理・運営している．

　ロンドン地下鉄は図 3.20 に示すとおり，企業の大方針として，"ワールドクラスであること（ビジョン）"，"人と技術を通じて，高水準の顧客へのケアとともに，信頼性のある列車サービスを効率的に提供すること（戦略）"を示している．また，効率性，人，技術によって支えられた，"信頼性と安全性"，"現在のネットワークの輸送力"，"将来のネットワークの輸送力"，"顧客サービス"の 4 点を優先事項として取り組んでいる．

　また，戦略実行のため，図 3.21 に示すとおり，ビジョンを "Customer（顧客）"，"Value（価値）"，"People（人材）"，"Delivery（提供）" の四つの区分に分け，それぞれをどのように実現するかを示している．

　その上で，図 3.22 のとおり，ビジョンや戦略等を踏まえ，アセットマネジメントをどのように実施するかの枠組み（フレームワーク）を示している．具体的には，アセットマネジメントの方針，戦略，計画が決められ，計画の実施は組織・人材，安全・リスクマネジメント，情報管理，パフォーマンス・状態モニタリングと連携しつつ，PDCA サイクルで行うこと，その成果を計測・改善し，マネジメントレビューにより会社全体の戦略にフィードバックされることが示されている．

3.4 イギリス国内の事例（道路分野，鉄道分野）

Vision	To be world class
Strategy	To deliver a reliable train service with hight standards of customer care, efficiently, through our people and technology
Our Priorities	● Reliability & Safety ● Capacity from the current network ● Capacity from growing the network ● Customer Service

図 3.20 ロンドン地下鉄のビジョン・戦略・優先事項[9]

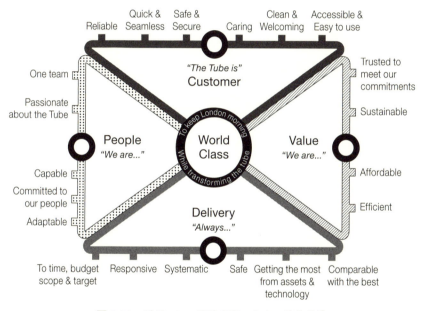

図 3.21 ビジョン・戦略実現のための具体像[9]

　以上のビジョン，戦略，フレームワークを一つの流れ（Line of Sight）として示し，トップマネジメントから現場レベルまでアセットマネジメントに一貫して取り組む姿勢を示している．これにより，会社全体がアセットマネジメントを実施していることを内外に知らしめることができ，PAS 55 や ISO 55001 の要求事項にも応える形となっている（**図 3.23**）．

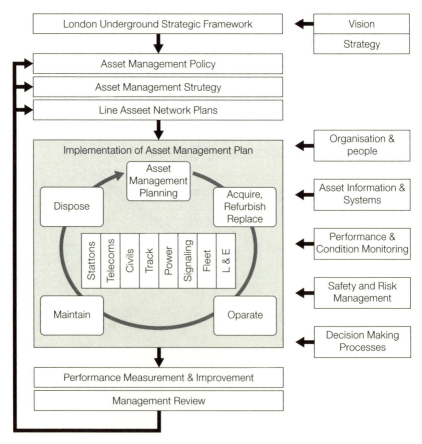

図 3.22 アセットマネジメントの枠組み[9]

ロンドン地下鉄は，すでに全ての業務に対して PAS 55 の認証を取得している．PAS 55 の利点として，対外的には，アセットマネジメントをきちんと行っていることを証明するものであり，成熟度を認識するベンチマークにもなるほかに，対内的には，要求事項，ガイドラインに従って，各種情報の整理・マネ

3.4 イギリス国内の事例（道路分野，鉄道分野） 171

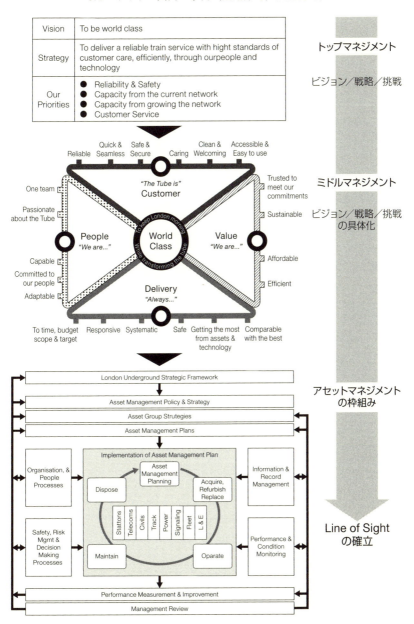

図 3.23 Line of Sight によるアセットマネジメントの実施 (文献 9) より作成)

172 第3章 アセットマネジメントシステム 事例紹介

ジメントとともに，WLC（ホールライフコスト）の最適化などを行うことができる点があげられる．また，会社のビジョン・戦略，目標・戦術，アセットマネジメントの方針・戦略などが，トップマネジメントからの一連の流れとして明瞭になることも大きな利点と考えられている．

また，ロンドン地下鉄は成熟したアセットマネジメントを実施するため，ISO 55001 の要求事項を6項目39サブ項目に再整理した内容（What）に対し，各項目のレベルアップに努めている．具体的には，図 **3.24** に示すとおり，アセットマネジメント戦略と計画，アセットマネジメントの意思決定，ライフサイクルの活動，アセットの知識を実現するもの，組織と職員を実現するもの，リスクとレビューの6項目に対して，計39のサブ項目を実施すべき項目として整理している．

ISO 55000 シリーズと PAS 55 との違いは，ISO 55000 シリーズでは，力量（competence），継続的改善（continual improvement）などが明記されている点であり，予防保全型のマネジメントが必要になると考えられている．PAS 55 の認証を取得した現在，ISO 55000 シリーズへの移行準備を着々と進めている．ISO 55001 の要求事項に対するギャップ分析を行って，対応不十分な点を発見・改善して，認証を受ける形となる．

ロンドン地下鉄は，ISO 55000 シリーズの導入により，PAS 55 のレベルを超えてアセットマネジメントの成熟化を図ることができると考えている．図 **3.25** に示すとおり，ISO 55000 シリーズを超えた成熟度を目指し，IAM（The Institute of Asset Management）との協働により，アセットマネジメントの成熟度評価の開発を行っている．

いずれにしても，PAS 55 や ISO 55000 シリーズは，アセットマネジメントの成熟度を測る物差しであり，情報管理，プロセス管理，人材育成などを積極的に行うための推進力となると考えられている．これらの規格は，その認証を取得することが目的ではなく，組織が成熟したアセットマネジメントを実施するためのツールとして活用すべきものと考えられている．

3.4 イギリス国内の事例（道路分野, 鉄道分野）   173

Asset Management Strategy and Planning	· Asset Management Policy · Asset Management Strategy · Demand Analysis · Strategic Planning · Asset Management Plans
Asset Management Decision-Making	· Capital Investment Decision-Making · Operations & Maintenance Decision-Making · Life Cycle Cost and Value Optimisation · Resourcing Strategy and Optimisation · Shutdowns & Outage Strategy and Optimisation · Aging Assets Strategy
Lifecycle Delivery Activities	· Technical Standards & Legislation · Asset Creation & Acquisition · Systems Engineering · Configuration Management · Maintenance Delivery · Reliability Engineering and Root Cause Analysis · Asset Operations · Resource Management · Shutdown/Outage Management · Incident Response · Asset Rationalisation & Disposal
Asset Knowledge Enablers	· Asset Information Strategy · Asset Knowledge Standards · Asset Information Systems · Asset Data & Knowledge
Organisation and People Enablers	· Contract & Supplier Management · Asset Management Leadership · Organisational Structure, Culture, Roles & Responsibilities · Competence & Behaviour
Risk & Review	· Criticality, Risk Assessment & Management · Contingency Planning & Resilience Analysis · Sustainable Development · Weather & Climate Change · Assets & Systems Performance & Health Monitoring · Aseets & Systems Change Management · Management Review, Audit and Assurance · Accounting Practices · Stakeholder Relations

図 3.24 アセットマネジメントの実施項目 [9]

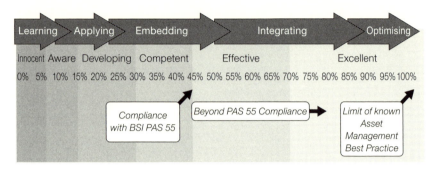

図 3.25 アセットマネジメントの成熟段階 [9]

3.4.4 おわりに

イギリスは，ISO 55000 シリーズの導入を主導しており，国内の関係機関も導入に積極的に取り組んでいる．ただし，その内情をみると，現在は政府の外局的立場にある HA のアセットマネジメントは，PAS 55 に対してギャップを抱えており，ISO 55001 の認証取得までの課題も多い．一方で，インフラ系民間事業者であるロンドン地下鉄はすでに PAS 55 を取得し，ISO 55000 シリーズへの移行を進めている．

これらの機関以外では，例えば，電力・ガスの供給事業者の National Grid，鉄道事業者の Network Rail は，共にインフラ系民間事業者であり，PAS 55 をすでに取得し，ISO 55000 シリーズの導入にも積極的である．一方で，河川管理の執行機関である Environment Agency（環境庁）は，PAS 55 も取得しておらず，ISO 55000 シリーズについても周辺状況から対応を判断するという状況であった（執筆時点の最新情報によると，Environment Agency も ISO 55001 の認証取得に向けて今後取組みを行う見込みである）．

以上から，ISO 55000 シリーズ導入への積極性は，政府機構からの距離・独立性に関係していると考えることができる．また，民営化等により経営が政府機構から離れると，政府規制当局の監督を受けることこととなり，それが ISO 55000 シリーズへの関心を高め，認証取得に前向きにさせる要因とも考えられる．この事実は，日本への導入検討を行う際に，大きな示唆を与えるものと考えられる．

引 用 文 献

1) ISO 55000:2014 アセットマネジメント―概要，原則，用語［英和対訳版］，日本規格協会

2) ISO 55001:2014 アセットマネジメント―マネジメントシステム―要求事項［英和対訳版］，日本規格協会

3) ISO 55002:2014 アセットマネジメント―マネジメントシステム―ISO 55001 適用のためのガイドライン［英和対訳版］，日本規格協会

4) The Committee of Sponsoring Organizations of the Treadway Commission（COSO）（2004）：Enterprise Risk Management―Integrated Framework

5) 坂井康人（2013）：ロジックモデル，ISO 5500X（アセットマネジメント）講習会 2013「アセットマネジメントが変わる」，pp.71-81，一般社団法人京都ビジネスリサーチセンター

6) 下水道分野における ISO 55001 適用ガイドライン検討委員会（2014）：下水道分野における ISO 55001 適用ユーザーズガイド（素案改訂版），p.32，国土交通省

7) Highways Agency（英国道路庁）提供資料

8) Transport for London（TfL）（2013）：Annual Investor Update，April 2013

9) London Underground（ロンドン地下鉄）提供資料

参 考 文 献

[1] 岡原美知夫（2009）：世界的に発展するリスクマネジメント技術―道路分野での普及を目指して―，建設マネジメント勉強会サマースクール 2009「建設マネジメントを考える」テキスト，pp.187-208

[2] 内閣府ウェブサイト
http://www.cao.go.jp/

[3] 特定非営利活動法人日本 PFI・PPP 協会ウェブサイト
http://www.pfikyokai.or.jp/

[4] 東，中，西日本高速道路株式会社（2014）：東・中・西日本高速道路(株)が管理する高速道路における大規模更新・大規模修繕計画（概略），高速道路と自動車，Vol.57，No.5，pp.49-53

[5] 熊田一彦，江口利幸，青木一也，貝戸清之，小林潔司（2009）：モニタリングデータを用いた高速道路舗装の統計的劣化モデルの検討，土木学会舗装工学論文集，第 14 巻，pp.229-237

[6] 日本道路協会（2013）：舗装の維持修繕ガイドブック 2013

索　引

A - Z

AMOR　163
ARM3　154
ASC　163
Asset Maintenance and Operational
　Requirements　163
Asset Management　10
Asset Management System　10
Asset Support Contract　163
BCP　142
BMS　151
BOT ビジネス　33
BSI　25
CD　27
CS　152
DIS　27
EAM システム　160
Enterprise Asset Management　160
Enterprise Resource Planning　160
ERP システム　160
FDIS　27
FWD　152
GIS　132, 142
Good Asset Management　166
HDM-4　10
IAM　25, 172
IAM IS　165
ICT　146
Integrated Asset Management
　Information System　165
ISO　25
ISO 9000 シリーズ　36

ISO 14000 シリーズ　36
ISO 22301　103
ISO 31000　29, 103, 114, 132
ISO 55000　35, 37
　――シリーズ　11, 19, 24
　――シリーズと PAS 55 との違い　172
ISO 55001　20, 22, 37, 46
ISO 55002　37, 112
ISO DGuide 83　43
ISO/PC251　26, 46
ISO 導入の動機　21
JISC　30
JIS Q 31000　114
JTCG　25, 43
Line of Sight　169
MAC　163
Managing Agent Contract　163
PAS 55　25, 163
PAS 55-1　25
PAS 55-2　25
PDCA　101
　――サイクル　14, 20, 64
PFI　107
PFI/PPP　107
PI　99
PMS　151
PPP　107
RIMS　151
SAMP　42, 52, 56, 130
SDM　156
Shutdown Maintenance　156
TC　35
Total Productive Maintenance　162

Total Quality Management 162
TPM 162
TQM 162

あ行

アウトカム指標 152
アウトソーシング 34, 105, 139, 148
アウトソースするプロセス及び活動 106
アセット 9, 37, 46, 48
——システム 50
——タイプ 50
——投資戦略 15
——の価値 39
——の価値の実現化 36
——のサービスレベル 13, 15, 17
——の長寿命化 12
——ポートフォリオ 11, 33, 39, 49
——マネージャー 33
——マネジメント 10, 12, 24, 38, 39, 51
——マネジメント計画 16, 42, 53, 82, 135
——マネジメント研究所 25
——マネジメント国際規格のスコープ 37
——マネジメントシステム 10, 19, 38, 39, 41, 46, 55, 64
——マネジメント手法 12
——マネジメントの成熟度評価 172
——マネジメントの方針 70
——マネジメントの目標 81
——マネジメント方針 41, 131
——マネジメント目標 42, 133
——ライフ 49
委員会原案 27
維持管理運営要求基準 163
維持管理サイクル 148
意思決定 134
——基準 81

——の基準 59
維持補修戦略 15
維持補修方針 15
インシデント 121
インフラストラクチャー 11
運用 97, 101, 137
——プロセスのフレームワーク 99
英国規格協会 25
エンタープライズ・リスクマネジメント 66

か行

改善 41, 120, 141, 153, 162
カイゼン活動 162
外部及び内部の課題 57, 118
外部監査 116
外部の課題 57
外部の状況 157
ガバナンス 14
環境マネジメントシステム 36
監査員 115
監査基準 115
監査プログラム 115
管理会計シミュレーション 114
機会 77
危機管理及び継続計画 93
危機管理計画 78, 83
ギャップ分析 85, 146, 166
教育，訓練又は経験 87
京都ビジネスリサーチセンター 30
業務評価指標 99
業務プロセス 66, 137
——管理 99
橋梁マネジメントシステム 151
緊急時対応計画 120
苦情処理 136
国の基本政策 107
計画 132, 146, 159
継続的改善 20, 22, 43, 97, 116, 124, 141

契約マネジメント　93
減価償却費　18
権限　73
現場主義　20
合同技術調整グループ　25
顧客満足度　152
国際規格案　27
国際標準化機構　25
国内審議委員会　30
コスト　157
コミットメント　66, 158
コミュニケーション　36, 72, 90, 136, 160
　　──活動　70
　　──計画　91
コンプライアンスリスク　69

さ行

サービス提供者　106
サービスレベル　13, 15, 17, 54
最終国際規格案　27
財務　157
　　──会計シミュレーション　114
　　──的指標　113
　　──的パフォーマンス評価　32
　　──的評価指標　17
支援　42, 135, 147, 160
事業継続計画　78, 120, 142
事業継続マネジメントシステム　103
資源　86
資産評価　18
システム　37
　　──化技術　24
指標　139
　　──管理　139
重要アセット　50
循環型サイクル　154
小集団活動　162
情報　136
　　──の交換　92

　　──の質　92
　　──の属性　92
　　──の利用可能性　92
　　──のレポジトリー（保管場所）　92
　　──マネジメント　92
人的資源　157
ステークホルダー　41, 59, 61
整合性　40
成熟度　167
責任　73
是正処置　55, 118, 120, 141, 153, 162
設備　156
　　──管理・保全　159
戦略的アセットマネジメント計画　42, 52, 130
総合化技術　24
総合保全マネジメント　154
組織　35, 58, 156
　　──の計画　41, 56, 59
　　──の権限及び役割　131
　　──の状況　57, 129, 144, 156
　　──のマネジメント　39
　　──の目標　41, 56, 59

た行

第三者認証　109
耐用年数　18
多階層構造　14
タスクチーム　31
地方公共団体　71
長寿命化　12
地理情報システム　132
適用範囲　62, 146
デファクト標準　10
統合版 ISO 補足指針　附属書 SL　26, 68, 74
統合版アセットマネジメント情報システム　165
統合マネジメントシステム　44
道路管理情報マネジメントシステム　151

トップダウン型アセットマネジメント 25

トップマネジメント　17, 36, 63, 65, 118, 130, 158

ドラフトガイド 83　44

な行

内部監査　115, 140, 161
内部統制　65
内部の課題　57
内部の状況　156
日本工業標準調査会　30
日本的組織風土　22
認識　89, 136
認証取得　33, 127

は行

ハザードモデル　152
パフォーマンス指標　112
パフォーマンス評価　17, 41, 110, 139, 151, 161
　　——指標　152
バランススコアカード手法　133
ビジネス・リエンジニアリング　22
評価　110
　　——指標　113
評判　39
品質マネジメントシステム　36
附属書 SL　26, 68, 74
不確かさの影響　77, 79
物的アセット　9, 46
不適合　118, 120, 121, 141, 153
ブレークダウン型思考　24
プロセスに関する基準　97
プロセスの有効性　111
文書化　84, 94, 112, 115, 118, 137
　　——した情報　94
変更のマネジメント　104
法規制　157

方針　63
保証　40
舗装マネジメントシステム　151
ボトムアップ型アセットマネジメント 25

ま行

マネジメント　37
　　——システム　37, 55
　　——システム管理責任者　74
　　——システム規格　21, 43, 47
　　——システムの上位構造　27
　　——システムの統合　141
　　——レビュー　110, 118, 141, 161
マルコフ推移確率　152
水ビジネス　127
メンテナンスサイクル　14
モニタリング　106, 110
問題解決型思考　24

や行

役割　73
要求事項　61
用語及び定義　48
予算執行マネジメントシステム　19, 113
予知行動　54, 123
予防処置　54, 120, 123, 141, 162
予防保全　152

ら行

ライフサイクル　49
　　——コスト　10, 17, 114, 147
リーダーシップ　40, 65, 130, 146, 158
利害関係者　61
力量　87, 135
リスク　36, 77, 132, 159
　　——及び機会　76, 103, 118

──基準　　156
──特徴　　114
──評価　　132
──評価基準　　78
──プロファイル　　114
──マトリックス　　78
──マネジメント　　29, 65, 78, 93,
103, 132
劣化モデル　　152
劣化予測　　11, 15, 16
レピュテーション　　39
ロジックモデル　　21, 99, 153

ISO 55001:2014
アセットマネジメントシステム　要求事項の解説

定価：本体 4,900 円（税別）

2015 年 3 月 10 日　第 1 版第 1 刷発行

編集委員長　河野　広隆

発　行　者　揖斐　敏夫

発　行　所　一般財団法人　日本規格協会

　　　　　　〒 108-0073　東京都港区三田 3 丁目13-12　三田MTビル
　　　　　　http://www.jsa.or.jp/
　　　　　　振替　00160-2-195146

印　刷　所　日本ハイコム株式会社

製　　　作　株式会社大知

© Hirotaka Kawano, et al., 2015　　　　　　　Printed in Japan
ISBN978-4-542-30702-5

● 当会発行図書，海外規格のお求めは，下記をご利用ください．
営業サービスチーム：(03)4231-8550
書店販売：(03)4231-8553　注文 FAX：(03)4231-8665
JSA Web Store：http://www.webstore.jsa.or.jp/